Nada Khaled Sedky
Sally Ibrahim Hassanein
Mohamed Zakaria Gad

Avaliação do efeito do polimorfismo do gene GC na vitamina D e na DAC

Nada Khaled Sedky
Sally Ibrahim Hassanein
Mohamed Zakaria Gad

Avaliação do efeito do polimorfismo do gene GC na vitamina D e na DAC

ScienciaScripts

This book is a translation from the original published under ISBN 978-620-2-05771-4.

Publisher:
Sciencia Scripts
is a trademark of
Dodo Books Indian Ocean Ltd. and OmniScriptum S.R.L publishing group

120 High Road, East Finchley, London, N2 9ED, United Kingdom
Str. Armeneasca 28/1, office 1, Chisinau MD-2012, Republic of Moldova, Europe
Printed at: see last page
ISBN: 978-620-7-80376-7

Resumo

CONTEXTO: A doença arterial coronária (DAC) continua a ser um importante problema de saúde pública. Estudos recentes sugerem uma associação entre a insuficiência de vitamina D e a DAC. A proteína de ligação à vitamina D (VDBP) é o principal transportador de vitamina D e muitos dos seus polimorfismos genéticos são capazes de induzir a expressão de proteínas com diferentes afinidades para a vitamina, o que, por sua vez, pode afetar os seus níveis séricos e a incidência de DAC.

SUJEITOS/MÉTODOS: Foram recrutados 112 doentes do sexo masculino, com idades compreendidas entre os 35 e os 50 anos, com doença coronária verificada e 109 controlos com a mesma idade e sexo. A genotipagem foi efectuada através do ensaio de discriminação alélica TaqMan e os níveis plasmáticos de 25(OH)D foram avaliados por HPLC-UV. Os níveis séricos de hormona paratiroideia (PTH) e VDBP foram medidos por ELISA.

RESULTADOS: Os níveis de s-25(OH)D nos doentes com DAC foram significativamente inferiores aos dos controlos. Por outro lado, os níveis de *s-PTH* foram significativamente mais elevados nos doentes com DAC do que nos controlos. Não houve diferença significativa na distribuição dos genótipos *GC* entre os dois grupos. *A s-25*(OH)D mostrou uma correlação inversa fraca com os níveis de *s-PTH*.

CONCLUSÕES: Os níveis séricos de vitamina D e PTH estão altamente correlacionados com a incidência de DAC. No entanto, o nível de *s-VDBP* não está associado à evolução da doença nem ao estado da vitamina D. A variante do gene *GC* não tem efeito nos níveis de 25(OH)D.

Palavras-chave: Vitamina D - 25(OH)D - Proteína de ligação à vitamina D (VDBP) - SNPs - Hormona paratiroideia (PTH) - Doença arterial coronária (DAC)

Índice

Lista de abreviaturas

1,25(OH)$_2$D	1,25 Dihydroxyvitamin D
25(OH)D	25-Hydroxyvitamin D
25(OH)D$_2$	25-Hydroxyvitamin D2
25(OH)D$_3$	25-Hydroxyvitamin D3
ACE	Angiotensin converting enzyme
C18	Octadecyl silane
CAD	Coronary artery disease
cAMP	Cyclic adenosine monophosphate
CKD	Chronic kidney disease
CVD	Cardiovascular disease
CYP2R1	Hepatic microsomal enzyme
CYPs	Cytochrome P450 mixed function oxidases
dUTPs	2'-Deoxyuridine 5'-Triphosphate
DRF	Detector Response Factor
dNTPs	Deoxy-nucleotide-triphosphates
EDTA	Ethylene-diamine-tetra-acetic acid
ELISA	Enzyme Linked Immunosorbent Assay
FGF-23	Fibroblast growth factor-23
GC	Group specific component (vitamin D binding protein)
HPLC-UV detection	High performance liquid Chromatography-ultra-violet
IL	Interleukin
INF	Interferon
IS	Internal Standard
LC-MS	Liquid Chromatography- Mass Spectrometry
NADPH	Nicotinamide adenine dinucleotide phosphate
NFATc1	Nuclear factor of activated T-cells, cytoplasmic1
PTH	Parathyroid hormone
RAAS	Renin angiotensin system
TNF-α	Tumor necrosis factor- alpha
VDBP	Vitamin D binding protein
VDD	Vitamin D deficiency
VDR	Vitamin D Receptor

CAPÍTULO 1

1. <u>Introdução:</u>

1.1. Vitamina D e DAC

Estudos recentes apontaram para a correlação da DDD com outras perturbações não esqueléticas (ou seja, perturbações não clássicas), como as doenças cardiovasculares (referência), o cancro (Giovannucci, 2006), a esquizofrenia e a depressão (McGrath, 2002), a diabetes mellitus tipo 1 (insulino-dependente) (Hypponen, 2001) e o metabolismo lipídico (Kong, 2006).

Foi demonstrado que a vitamina D reduz a calcificação vascular (A. Zittermann, Fischer, J., Schleithoff, S. S., Tenderich, G., Fuchs, U., Koerfer, R., 2007) e afecta a função endotelial (Tarcin, 2009). Basicamente, foi realizado um estudo no Reino Unido que provou que a mortalidade por doença cardíaca isquémica era inversamente proporcional às horas de luz solar. Este estudo chamou a atenção para o papel da vitamina D como fator de proteção contra a doença cardíaca isquémica e incentivou muitas instituições a realizar grandes estudos transversais e análises de dados para provar a relação entre o estado da vitamina D e a doença arterial coronária (Heikkinen, 1997). Num grande estudo realizado em 16 603 seres humanos com 18 anos ou mais, os indivíduos com doença cardíaca isquémica e AVC demonstraram ter uma maior frequência de 25(OH) VDD do que os seus comparáveis (Kendrick, 2009). Além disso, uma análise mais recente efectuada em 8.351 adultos, na qual a prevalência de DDDV foi de 74% em pacientes com doença arterial coronária e insuficiência cardíaca, veio confirmar o estudo anterior (Kim, 2008).

1.2. Potenciais mecanismos moleculares através dos quais a deficiência de vitamina D pode afetar a DAC

Os estudos atribuíram os efeitos não clássicos da vitamina D à interação da $1a,25(OH)_2$ D3 com o recetor intracelular da vitamina D (Merke, 1987). A $1,25(OH)_2$ D afecta muitos processos-chave envolvidos na patogénese da DAC, incluindo, entre outros, a inflamação vascular (Rigby, 1987), a agregação plaquetária/trombogénese (Aihara, 2004), a proliferação de células musculares lisas vasculares (Mitsuhashi, 1991), o sistema renina-angiotensina (Li, 2003) e a proliferação de cardiomiócitos (J. N. Artaza, Mehrotra, R., Norris, K. C., 2009), calcificação vascular, fibrose e proliferação do miocárdio (J. N. Artaza, Sirad,F, Ferrini,M.G,Norris,K.C 2011). Os processos acima referidos são mediados por múltiplos genes e vias de sinalização e serão analisados em pormenor mais adiante.

1.2.1 Resposta inflamatória

A hipovitaminose D é uma causa poderosa e mutável do aumento da resposta inflamatória que, por sua vez, aumenta as doenças cardíacas ateroscleróticas e os acidentes vasculares cerebrais. A inflamação é um dos principais factores subjacentes ao início da formação da placa aterosclerótica, seguida da sua rutura ou formação de êmbolos e, em seguida, do bloqueio de uma artéria ou trombose (Chapman, 2007). Os macrófagos e os monócitos, que são activados pela inflamação, estão presentes e concentram-se perto da placa. Produzem citocinas pró-inflamatórias. Algumas delas são as interleucinas IL-1, IL-4, IL-6, interferão (INF) - y e fator de necrose tumoral (TNF)-a. Os linfócitos T formam proteinases degradadoras de colagénio, como as metaloproteinases da matriz e o fator tecidular pró-coagulante, que induzem a trombose (Libby, 2003).

Dois componentes que se pensa serem eficazes na investigação clínica são a 1,25 $(OH)_2$ D e os activadores dos receptores da vitamina D, que provaram ter efeitos imuno-reguladores e podem impedir as principais fases da inflamação. A ação da 1,25 (OH)2D inclui a desregulação da expressão do gene do fator nuclear ké (NF-kp) através da sua ação sobre o VDR no coração, na parede vascular e nas células imunitárias, o que induz a ativação de citocinas anti-inflamatórias como a IL-10 e impede a ativação de citocinas pró-inflamatórias através da sua desativação como a IL-6, a IL-12, o IFN-y e o TNF-a (Mathieu, 2002). A 1,25 $(OH)_2$ D também reduz a expressão de genes responsáveis por proteinases degradadoras do colagénio que causam a rutura da placa e a formação de êmbolos, bem como de metaloproteinases da matriz que causam a remodelação da parede vascular e do miocárdio (Pearson, 2003).

1.2.2 Agregação plaquetária e trombogénese

Pensa-se que a 1,25(OH)2D reduz a agregação plaquetária e a formação de coágulos através da sua ação sobre o VDR (Aihara, 2004). Foi observada uma regulação negativa da expressão do gene do inibidor do ativador do plasminogénio (PAI) durante a incubação de células mesenquimais multipotentes com 1,25(OH)2D. A regulação negativa da expressão do fator tecidular também foi observada em culturas de células monocíticas incubadas com 1,25(OH)2D (L. Wang, Manson, J. E., Song, Y., Sesso, H. D., 2010). Estas observações ilustram a razão pela qual o aumento da hipovitaminose contribui para as disparidades nos resultados CV através do seu efeito na agregação plaquetária e na formação de coágulos.

1.1.3. Proliferação do músculo liso vascular

Um dos mecanismos importantes na patogénese da DAC é a formação de placas, que é iniciada pela proliferação de células do músculo liso vascular. Sugere-se que a 1,25(OH)2D tenha um efeito anti-proliferativo, uma vez que a sua incubação com uma linha celular mesenquimal multipotente revelou uma redução do número de células. Este mecanismo antiproliferativo da 1,25(OH)2D pode ser devido à regulação negativa da expressão da proteína F-box SKp2 (p45), inibindo assim o crescimento celular através da paragem de G1 e da inibição da progressão da fase G1 para S (J. N. Artaza, Sirad, F., Ferrini, M. G., Norris, K. C., 2010).
Sendo um modulador da proliferação do músculo liso, a 1, 25(OH)2D demonstrou um papel eficaz na morbilidade cardiovascular e, por conseguinte, tem também um potencial efeito terapêutico.

1.1.4. Fibrose

A fibrose desempenha um papel fundamental na morbilidade e mortalidade da doença coronária. Muitas doenças crónicas múltiplas, incluindo a DAC e doenças relacionadas, resultam do aumento da inflamação e da fibrose nos tecidos. Num estudo realizado com células mesenquimatosas multipotentes, as células foram incubadas com 1,25(OH)2D, o que resultou na redução da expressão de diferentes isoformas de colagénio (marcador final de fibrose) (L. Wang, Manson, J. E., Song, Y., Sesso, H. D., 2010). A BMP7 é um antagonista do TGFe. A folistatina é uma estatina, que bloqueia a sinalização da activina (Sulyok, 2004), o fator pró-fibrótico miostatina e a expressão da metaloproteinase-8 da matriz (J. N. Artaza, Singh, R., Ferrini, M. G., Braga, M., Tsao, J., Gonzalez-Cadavid, N. F., 2008). Assim, tanto a BMP 7 como a folistatina podem ser consideradas agentes antifibróticos e a sua expressão foi aumentada de forma notável nas células expostas à 1,25(OH)2D, o que reforça a sugestão de que a 1,25(OH)2D é um anti-fibrótico.

1.1.5. Calcificação vascular

Uma das doenças vasculares mais comuns é a deposição de cálcio nas paredes dos vasos, a que se chama calcificação vascular. Esta é uma das principais causas da progressão da DCV e da doença renal crónica (DRC). A 1,25(OH)2D sérica está inversamente relacionada com a calcificação vascular, o que foi provado por Watson e colegas (Watson, 1997).

A diminuição da 1,25(OH)2D, por si só, foi responsável pela calcificação vascular em doentes sem calcificação de base na artéria coronária num estudo de seguimento de três anos do Estudo Multi-Étnico de Aterosclerose (de Boer, 2009). Foi também apresentado que a 1,25(OH)2D reduz a diferenciação dos osteoblastos através da inibição da expressão do gene do fator nuclear das células T activadas e do gene citoplasmático 1 (NFATc1).

1.1.6. Sistema renina-angiotensina (RAS)

A hipertensão é o aumento da pressão arterial acima dos valores normais, o que contribui para aumentar o risco de DAC. A renina, que é segregada pelo aparelho justaglomerular no néfron diretamente para a corrente sanguínea, catalisa a conversão do angiotensinogénio (sintetizado pelo fígado) em angiotensina I, que é depois convertida em angiotensina II pela enzima de conversão da angiotensina (presente nos pulmões). A angiotensina II é um potente agente vasoconstritor que provoca o aumento da tensão arterial (Ballermann, 1991).

Dados cumulativos de estudos clínicos e em animais demonstraram que a expressão do gene da renina é regulada para baixo através da ação da 1,25(OH)2D ou dos activadores VDR no VDR (Li, 2003). Isto ilustra a razão pela qual os activadores da 1,25(OH)2D ou do VDR podem ser utilizados como reguladores negativos importantes do SRA e no tratamento de patologias relacionadas com o SRA, à semelhança de outros agentes bloqueadores do SRA, que demonstraram reverter a disfunção endotelial, reduzir a proteinúria e diminuir os danos renais, independentemente das alterações da pressão arterial, tanto em animais como em seres humanos (Hayakawa, 1997).

1.3. Biossíntese da vitamina D:

1.3.1. A radiação ioleta desempenha um papel fundamental na síntese das vitaminas D2 e D3; é considerada um fator determinante na sua reação de biossíntese (Michael F. Holick, 2007).

1.3.2. Vitamina D3

Excluindo morcegos, ratos, gatos e cães, a pele da maioria dos animais vertebrados sintetiza 7-dehidrocolesterol que absorve radiação ultravioleta B (UVB) de comprimentos de onda (290-315nm) na presença de luz solar e produz pré-vitamina D3 termodinamicamente instável através de abertura de anel e reacções electrocíclicas. Esta pré-vitamina D3 sofre então certos rearranjos e isomeriza-se para formar a estrutura estável da vitamina D3 (M.F. Holick, 2004).

Dado o facto de a melanina diminuir a absorção dos raios ultravioleta, não é surpreendente verificar que, após uma exposição solar de curta duração, a concentração plasmática de vitamina D3 dos brancos aumenta muito mais rapidamente do que a dos negros (R. Clemens, Adams ,iS, Henderson, SU, Holick, MF, 1982).

1.3.3.   Vitamina D2

A vitamina D2 (ergocalciferol) é produzida em invertebrados, leveduras e cogumelos em resposta à irradiação UV. O seu precursor, o ergosterol, sofre uma ativação fotoquímica que resulta na pré-vitamina D2 que, por fim, é transformada em vitamina D2 (M. F. Holick, 2003; M. F. Holick, 2007).

No final, deve ser feita uma chamada de atenção para o facto extremamente interessante de que o excesso de vitamina D ou pré-vitamina D é destruído pela luz solar e que a luz solar nunca causa intoxicação por vitamina D (M. F. Holick, Garabedian M, 2006).

1.4. Absorção, Metabolismo e Armazenamento

1.4.1. Absorção

A vitamina D pode ser sintetizada pela pele, como referido anteriormente, ou obtida diretamente a partir de alimentos ou suplementos dietéticos (DeLuca, 2004).

1.4.2. Metabolismo

Resumidamente, o seu metabolismo pode ser claramente demonstrado nas etapas críticas que ocorrem tanto no fígado como nos rins. Basicamente, a vitamina D circulante é transportada através da proteína transportadora de ligação à vitamina D para o fígado, onde sofre uma determinada reação de hidroxilação através da enzima vitamina D-25-hidroxilase e é convertida em 25-hidroxivitamina D ou denominada Calcidiol (principal metabolito circulante e biomarcador útil para considerar o estado da vitamina D). Em seguida, a 25-hidroxivitamina D é transferida para os rins, onde sofre uma segunda reação de hidroxilação através da enzima 25-hidroxivitamina D-1a-hidroxilase (CYP27B1) para a sua forma ativa 1, 25-di-hidroxivitamina D ou, por vezes, chamada Calcitriol (DeLuca, 2004).

Embora existam muitos reguladores dos níveis de calcitriol no corpo humano, os principais reguladores são a hormona paratiroide (PTH) e o nível de fosfato plasmático. Qualquer aumento da PTH plasmática ou diminuição do nível de fosfato está associado a um aumento dos níveis de calcitriol produzidos no rim (Fraser, 1980). Em pormenor, a molécula de vitamina D passa pelo seu metabolismo em três fases de hidroxilação: 25-hidroxilação, 1a-hidroxilação e 24-hidroxilação. As oxidases de função mista do citocromo P450 (CYP), localizadas nas mitocôndrias ou no retículo endoplasmático, efectuam todas estas hidroxilações. São conhecidos quatro tipos de CYP: CYP2R1, presente no retículo endoplasmático, enquanto CYP27A1, CYP27B1 e CYP24A1 estão presentes nas mitocôndrias. O NADPH é o dador de electrões para as enzimas do retículo endoplasmático. As enzimas mitocondriais são a ferrodoxina e a ferrodoxina redutase (D. D. Bikle, 2014).

25-Hidroxilase

O fígado, que é apenas o único local de produção de 25-hidroxilase, apresenta esta atividade enzimática tanto nas porções mitocondriais como nas microssomais, que revelam um certo número de CYP com atividade de 25-hidroxilase. Dois tipos de CYP são bem conhecidos como 25-hidroxilases CYP27A1 (a única 25-hidroxilase mitocondrial) e CYP2R1 (a 25-hidroxilase na fração microssomal do fígado). A primeira tem as características de ser de cinética menor, não 25-hidroxila D2, distribuída amplamente por todo o corpo e actua como uma 27-hidroxilase de esterol na síntese de ácidos biliares (Zhu, 2013). Nos seres humanos, as mutações que a inactivam conduzem a xantomatose cerebrotendinosa com metabolismo anormal da bílis e do colesterol, mas não a raquitismo (Moghadasian, 2004). A segunda foi identificada principalmente no fígado e nos testículos e tem a caraterística de ser mais cinética e de 25-hidroxilar tanto a D2 como a D3. Em humanos, uma doença óssea grave com todas as evidências bioquímicas de raquitismo foi observada num caso com uma mutação leu99pro no CYP2R1 (Cheng, 2004).

1a-hidroxilase

Apenas uma enzima (CYP27B1) é responsável pela 1a-hidroxilação da 25(OH)D, sendo o rim a sua principal fonte (Figura 1). A produção inadequada de 1,25(OH)2D devido a mutações genéticas que afectam a atividade da CYP27B1 causa a condição de pseudo-deficiência de vitamina D (VDD) (Fu GK, 1997). O CYP27B1 é expresso noutros tecidos para além dos rins com regulação diferente (D. Bikle, 2010). Três hormonas são responsáveis pela regulação da 1a-hidroxilase renal:
1. PTH: estimula o CYP27B1
2. Fator de crescimento dos fibroblastos 23 (FGF 23): inibe o CYP27B1
3. A própria 1,25(OH)2D: inibe o CYP27B1

O CYP27B1 é suprimido também pelo nível elevado de cálcio sérico, principalmente pela inibição da PTH. O CYP27B1 é inibido pelo nível elevado de fosfato sérico, principalmente através da estimulação do FGF23 (D. D. Bikle, Rasmussen, H., 1975).

24-hidroxilase

O metabolismo da vitamina D por 24-hidroxilação baseia-se especificamente no CYP24A1, que é a única 24-hidroxilase da vitamina D, transformando-a no ácido calcitroico biologicamente inativo (Figura 1) e sendo a 1,25(OH)2D o seu substrato preferido (Jones, 2012). A 25(OH)D também é hidroxilada pela 24-hidroxilase em 24,25(OH)2D, que é importante para a formação do osso endocondral, uma vez que os condrócitos têm receptores específicos para a 24,25(OH)2D, importantes para ganhar força.

Existe uma regulação recíproca entre o CYP24A1 e o CYP27B1, especialmente nos rins. O CYP24A1 é agora conhecido como um marcador da resposta de 1,25(OH)2D numa célula, uma vez que é estimulado pelo 1,25 (OH)2D (D. D. Bikle, 2014). Por fim, concluiu-se que, nos tecidos, o CYP24A1 parece ser o controlador dos níveis de 1,25(OH)$_2$D.

Além disso, a sua expressão foi aumentada numa série de neoplasias malignas (Anderson, 2006). Assim, a reflexão sobre os inibidores da CYP24A1 tem sido objeto de grandes esforços, a fim de aumentar a 1,25(OH)2D endógena nestes tumores, na esperança de aumentar os efeitos antiproliferativos/prodiferenciadores da 1,25(OH)2D nestas células.

Recentemente, as duas enzimas seguintes foram também referidas como sendo importantes no metabolismo da vitamina D;

- *CYP11A1: é* conhecido nos queratinócitos, tendo uma via alternativa para a ativação da vitamina D que é a 20-hidroxilação (Slominski, 2010). Tanto o produto 20(OH)D como o seu metabolito 20,23(OH)2D são identificados como sendo tão activos como a 1,25(OH)2D, pelo menos para algumas funções.
- *3-epimerase:* Esta enzima produz a forma 3-epi da 1,25(OH)$_2$ D. Basicamente, a enzima pode atuar em todos os metabolitos da vitamina D causando a isomerização do grupo C-3(OH) do anel A da orientação a para a orientação в. Isto não restringe a ação do CYP27B1 ou do CYP24A1. No entanto, o epímero C3 da 25OHD tem uma ligação reduzida à proteína de ligação à vitamina D (VDBP) em relação à 25 OHD, e o epímero C-3 da 1,25(OH)2D tem uma afinidade reduzida para a VDR em relação à 1,25(OH)2D, reduzindo assim a sua atividade transcricional e a maioria dos efeitos biológicos (Kamao, 2004). A sua atividade foi demonstrada pela primeira vez em queratinócitos (Reddy, 2001) e, posteriormente, em células cancerosas do cólon, células paratiróides, osteoblastos e células derivadas de hepatócitos. No entanto, não foi demonstrada qualquer atividade desta enzima no rim (Bailey, 2012).

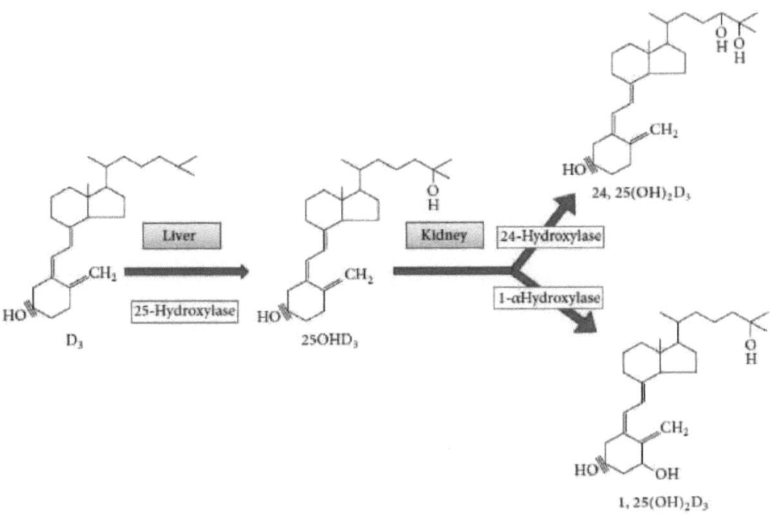

Figura 1: Metabolismo da vitamina D (Wang 2013).

1.4.3. Armazenamento

O facto de a vitamina D ser uma vitamina lipossolúvel está na base do seu armazenamento e libertação das células adiposas. Além disso, é interessante saber que o Calcidiol (o seu metabolito) pode ser armazenado nos músculos (Fraser, 1980).

1.5. Transporte da vitamina D na corrente sanguínea

No sangue, 85-90% da vitamina D e dos seus metabolitos são transportados ligados a uma proteína conhecida como VDBP, que é essencial para a função normal da vitamina D (principalmente através do transporte da 25(OH)D do fígado para o rim e outros órgãos para ser convertida na forma biologicamente mais ativa 1,25(OH)2D) (Speeckaert, 2006). A vitamina D também se pode ligar à albumina ou aos quilomícrons em níveis mais baixos (J. G. Haddad, 1995).

1.5.1. Proteína de ligação à vitamina D (VDBP)

É bem sabido que a concentração das proteínas de transporte afecta fortemente a concentração sérica das suas hormonas correspondentes ou das substâncias que transportam. Aprofundando o estudo da VDBP, verificou-se que a

VDBP, também conhecida como GC-globulina, é uma glicoproteína sérica abundante, multifatorial e altamente polimórfica, composta por 458 aminoácidos e sintetizada pelo fígado (J. G. Haddad, Jr., 1979). O gene GC que codifica a VDBP está localizado no cromossoma 4 q12-q13 (Lu, 2012).

Existe uma forte relação evolutiva e genética entre a VDBP e duas outras proteínas séricas abundantes: a albumina e a a-fetoproteína (Cooke, 1985). Liga 85 a 90% do total de 25-hidroxivitamina D em circulação, pelo que é considerada a principal proteína transportadora de vitamina D (D. D. Bikle, Gee, E., Halloran, B., Kowalski, M. A., Ryzen, E., Haddad, J. G., 1986). No entanto, o VDBP parece inibir algumas acções da vitamina D, porque a fração ligada pode não estar disponível para atuar nas células alvo. A parte restante da 25-hidroxi vitamina D total (10% a 15%) está ligada à albumina e é considerada a fração biodisponível. (Safadi, 1999).

A diferença na composição de aminoácidos e na glicosilação da VDBP é a chave por detrás da existência dos seus seis fenótipos comuns (formas polimórficas) que diferem na sua capacidade de ligação aos metabolitos da vitamina D (Cleve, 1998). Consequentemente, o fenótipo da VDBP pode ser considerado um fator importante para determinar as concentrações plasmáticas de 25 (OH) D e 1, 25 (OH)2D (Arnaud, 1993; A. L. Lauridsen, Vestergaard, P., Hermann, A. P., Brot, C., Heickendorff, L., Mosekilde, L., Nexo, E., 2005; A. L. Lauridsen, Vestergaard, P., Nexo, E., 2001) . As frequências alélicas do GC variam consoante a origem ancestral (Carpenter, 2013; Kamboh, 1986).

Para além de ser o principal transportador de vitamina D e dos seus metabolitos no ser humano, verificou-se que o VDBP tem muitas outras funções, tais como: eliminação da actina extracelular, quimiotaxia mediada por leucócitos C5a, ativação de macrófagos, estimulação de osteoclastos e transporte de ácidos gordos (Cleve, 1998; Gomme, 2004; J. G. Haddad, 1995; Speeckaert, 2006).

1.6. A acuidade subjacente à deficiência de vitamina D

Os factores de risco para a insuficiência ou deficiência de vitamina D podem ser brevemente divididos em:

1.6.1. Exposição solar depauperada

Isto ocorre principalmente em:
> Indivíduos de pele escura: As pessoas de pele escura têm um teor mais elevado de melanina (pigmento da pele) do que os brancos. Este pigmento "Melanina" é muito semelhante em estrutura ao 7-

dehidrocolesterol, pelo que competem entre si na presença de radiação UV-B, levando a uma diminuição da vitamina D sintetizada (T. L. Clemens, Adams, J. S., Henderson, S. L., Holick, M. F., 1982).

> Utilização excessiva de protectores solares: os protectores solares reduzem a quantidade de radiação UVB que chega à pele, o que, por sua vez, diminui a produção de vitamina D. A utilização de um protetor solar com um fator de proteção solar de 30 foi associada a uma diminuição da síntese de vitamina D na pele superior a 95% (Matsuoka, 1987).

> Idosos: Têm um teor de 7-dehidrocolesterol inferior ao normal, pelo que a capacidade da sua pele para sintetizar vitamina D é menor. Mesmo quando expostos regularmente à luz solar, os idosos produzem 75% menos D3 cutânea do que os jovens adultos (Lips, 2001).

> Pessoas imobilizadas

> Países com latitudes superiores a 40° norte ou sul: a luz ultravioleta que atinge a superfície da Terra durante o inverno é insuficiente para permitir a síntese de vitamina D (Beveridge, 2013).

1.6.2.8 hábitos alimentares

Muito poucos alimentos contêm naturalmente ou são fortificados com vitamina D. Os vegetarianos são altamente susceptíveis à VDD, uma vez que a sua dieta quase não contém vitamina D (Hunter, 2001).

1.6.3.1 Governos cautelosos

Alguns governos não tomam em consideração a fortificação dos alimentos com vitamina D ou nem sequer criam quaisquer programas para a encorajar (por exemplo, o governo indiano não tomou qualquer ação apesar de saber da prevalência da VDD na sua nação e dos graves efeitos na saúde) (Goswami, 2000): O governo indiano não tomou qualquer ação apesar de ter conhecimento da prevalência da VDD na sua nação e dos graves efeitos na saúde) (Goswami, 2000).

Por outro lado, na década de 1930, o problema devastador do raquitismo nos Estados Unidos chamou a atenção do governo para a fortificação do leite com 100 UI de vitamina D2 por 8 onças, que conseguiu erradicar esse problema. Além disso, governos de nível socioeconómico mais elevado, como a Finlândia e a Suécia, começaram recentemente a fortificar o leite com vitamina D (M. F. Holick, Chen ,T.C, 2008).

1.6.4. Determinantes genéticos

Algumas variações genéticas, como por exemplo os polimorfismos da 7-

desidrocolesterol redutase, da enzima microssomal hepática e da DBP, têm sido altamente associadas à insuficiência de vitamina D (Hunter, 2001).

- 7-dehidrocolesterol redutase (enzima DHCR7):

Sabe-se que a síndrome de Smith-Lemli-Optiz resulta de uma perturbação genética da 7-dehidrocolesterol redutase. Recentemente, foi registada uma forte correlação entre os polimorfismos de nucleótido único (SNPs) no gene DHCR7 e no gene NADSYN1 que lhe está próximo e os níveis de 25(OH)D (M. A. Abu el Maaty, Hassanein,S.I, Sleem,H.M, Gad,M.Z, 2013; Ahn 2010).

- Enzima microssomal hepática (CYP2R1) :

Os polimorfismos de nucleótido único que ocorrem no gene CYP2R1 mostraram uma forte correlação com os níveis circulantes de 25(OH)D.
Os investigadores descobriram que o SNP rs10741657 do gene CYP2R1 tem sido altamente associado aos níveis circulantes de 25(OH)D, ao ponto de poder ser considerado um fator de previsão dos níveis de 25(OH)D (Hassanein, 2014).

- VDBP:

As variações genéticas nos SNPs específicos do VDBP podem ter efeitos directos em algumas doenças ou contribuir indiretamente para certas doenças através do seu efeito no nível de 25(OH)D e no estado da vitamina D (L. Foucan, Velayoudom-Cephise,F.L., Larifla,L., Armand,C., Deloumeaux,J., Fagour, J., Plumasseau, J., Portlis,M.L, Liu,L., Bonnet,F., Ducros,J., 2013). Esta questão será abordada em pormenor mais adiante.

1.6.5. Induzida por medicamentos

Os doentes que estão a tomar fenobarbital, fenitoína, carbamazepina (Pack, 2004) e inibidores não nucleósidos da transcriptase reversa (Van Den Bout-Van Den Beukel, 2008) durante muito tempo são altamente propensos a sofrer de VDD porque aumentam o catabolismo da 25(OH)D e da 1,25(OH)2D.

1.6.6. Doença induzida

- *Má absorção*: sendo uma vitamina lipossolúvel, a VDD é observada na doença de Crohn, na fibrose quística e nas doenças celíacas, uma vez que todas elas conduzem a uma má absorção de gorduras (Wang, 2013).
- *Doença renal crónica*: devido à incapacidade do rim para converter a 25(OH)D na sua forma ativa 1,25(OH)2D (Wang, 2013).
- *Obesidade*: As pessoas obesas têm uma camada de gordura subcutânea

muito espessa e, como já foi referido, a vitamina D é armazenada nas reservas de gordura do tecido subcutâneo, pelo que, por sua vez, esta camada espessa de gordura dificulta a libertação de vitamina D para a circulação e torna as pessoas obesas altamente susceptíveis à DDD (Liel, 1988). Verificou-se que um IMC superior a 30 Kg/m2 está inversamente correlacionado com a 25(OH)D (Wortsman, 2000).

1.7. Ultrapassar a ameaça

A administração de 50 000 UI de vitamina D3 por semana revelou-se muito eficaz na prevenção da DDD (M. F. Holick, 2004) e a vitamina D3 é a preferida devido à sua elevada afinidade com a VDBP e, por sua vez, à sua semi-vida mais longa (Armas, 2004).

1.8. Ensaios de vitamina D e obstáculos que se colocam no seu caminho

Ao longo dos últimos anos, os investigadores descobriram mais de 50 metabolitos da vitamina D. No entanto, a sua principal preocupação foi direccionada para o esterol parental vitamina D e os seus metabolitos 25(OH)D e 1,25(OH)2D. A dificuldade em estabelecer ensaios muito sensíveis e específicos para a vitamina D tem sido atribuída aos seguintes factores

1. É extremamente difícil avaliar com exatidão os metabolitos da vitamina D que circulam na gama de concentrações nano-molares a micro-molares (Zerwekh, 2008).
2. A existência de duas formas diferentes da vitamina (D3 e D2) que, por sua vez, resulta na produção de metabolitos diferentes com diferentes afinidades de ligação ao VDBP. Presume-se que a 25(OH)D3 tenha maior afinidade para o VDBP do que a 25(OH)D2 (Hollis, 1984).
3. A fração livre dos metabolitos da vitamina D foi considerada inútil para determinar o estado da vitamina D porque, em primeiro lugar, quase todos os metabolitos da vitamina D estão ligados a proteínas em condições fisiológicas normais (a fração maior está ligada em 80-90% à VDBP, a fração mais pequena está ligada em 10-20% à albumina e as fracções mais pequenas são as da forma livre 0,02-0,05% para a 25(OH)D e 0,20,6% do total de 1,25(OH)2D). Em segundo lugar, a concentração da fração livre muito pequena não é afetada por uma doença hepática ou por uma DBP reduzida (D. D. Bikle, Gee, E., Halloran, B., Haddad, J. G., 1984).

1.8.1.25(OH) D "biomarcador de eleição para determinar o estado da vitamina D"

Os cientistas deram grande atenção ao esterol parental da vitamina D, 25(OH)D e 1,25(OH)2D na sua procura do melhor método para determinar o estado da vitamina D. Através de estudos experimentais, descobriram que a determinação da concentração total de vitamina D é suficiente para a maioria dos estudos clínicos e que o melhor biomarcador a utilizar é a 25(OH)D. A 25(OH)D é escolhida como padrão de ouro nos ensaios de vitamina D e é preferida em relação às outras porque a sua semi-vida é longa (- 3 semanas), pelo que pode fornecer uma indicação exacta das reservas de vitamina D obtidas tanto da irradiação ultravioleta como da ingestão alimentar durante longos períodos (Clemens, 1986) e a sua produção pelo fígado depende principalmente da concentração de vitamina D e não é significativamente regulada por outros parâmetros. Além disso, a meia-vida da vitamina D é curta (' 24 horas), pelo que a concentração medida reflectirá o estado da vitamina D apenas de acordo com a exposição mais recente à luz solar ou com a ingestão de vitamina D, pelo que não será exacta e não se pode depender dela (T. L. Clemens, Adams, J. S., Nolan, J. M., Holick, M. F., 1982).

Relativamente à 1,25(OH)$_2$ D, a sua meia-vida é a mais curta de todas (~4 horas) e a sua produção é fortemente controlada pelas necessidades de cálcio, pelo que a sua medição não será de todo benéfica (Gray, 1978). Dispor de um indicador fiável para detetar o estado da vitamina D, como a 25(OH)D, pode ser muito benéfico em muitas doenças clínicas, como a doença renal crónica, a doença hepática, o raquitismo, a osteoporose, a osteomalácia, a DCV e as síndromes de má absorção.

Tabela 1: Meias-vidas dos compostos considerados

Compound	Its corresponding half-life
Vitamin D	$\approx 24 hours$ (T. L. Clemens, Adams, J. S., Nolan, J. M., Holick, M. F., 1982)
25(OH)D	$\approx 3 weeks$ (Clemens, 1986)
1,25(OH)$_2$D	$\approx 4 hours$ (Gray, 1978)

1.9. Vitamina D, proteína de ligação à vitamina D (VDBP) e hormona paratiroideia (PTH) ... reguladores de cadeia contínua:

Como já foi referido, quando a vitamina D é sintetizada pela pele ou ingerida através dos alimentos, sofre uma reação de 25-hidroxilação no fígado, onde é convertida em 25(OH)D (o melhor biomarcador sanguíneo para determinar o estado da vitamina D). 90% deste metabolito (25 (OH) D) é depois transportado pelo VDBP para os rins, onde sofre uma 1a-hidroxilação e produz $1,25(OH)_2$ D (o metabolito biologicamente ativo), sendo que 85-90% deste também se liga ao VDBP e é transportado através dele na circulação. A 1,25(OH)2D libertada provoca a inibição da libertação de PTH pela glândula paratiroide. É interessante discutir cada uma destas relações em pormenor.

1.9.1. Proteína de ligação à vitamina D e estado da vitamina D:

A melhor forma de ser estudada é através de variações genéticas na VDBP e o seu efeito na VDBP sérica e nos níveis séricos de 25(OH)D.

As variações genéticas nos SNPs específicos do VDBP podem ter efeitos directos em algumas doenças ou contribuir indiretamente para certas doenças através do seu efeito no nível de 25(OH) D e no estado da vitamina D (L. Foucan, Velayoudom-Cephise,F.L.,

Larifla,L., Armand,C., Deloumeaux,J., Fagour, J., Plumasseau, J., Portlis,M.L, Liu,L., Bonnet,F., Ducros,J., 2013).

Um estudo experimental efectuado em americanos negros e brancos postulou que os polimorfismos de nucleótido único no gene GC eram responsáveis por 79,4% da variação no nível de VDBP e 9,9% da variação no total de 25-hidroxivitamina D (Powe, 2013).

O SNP rs2282679 foi identificado no GC e foi encontrado associado ao estado da vitamina D em indivíduos de ascendência europeia (T. Wang, Zhang F, Richards JB, Kestenbaum B, van Meurs JB, Berry D, Kiel DP, Streeten EA, Ohlsson C, Koller,DL, Peltonen L, Cooper JD, O'Reilly PF, Houston DK, Glazer NL, Vandenput L, Peacock, M, Shi, J, Rivadeneira, F,McCarthy, MI, Anneli, P, de Boer, IH, Mangino, M, Kato ,B, Smyth ,DJ, Booth, SL, Jacques ,PF, Burke, GL, Goodarzi, M,Cheung, CL, Wolf, M, Rice, K, Goltzman D, Hidiroglou N, Ladouceur M, Wareham NJ, Hocking LJ, Hart D, Arden, NK, Cooper ,C, Malik ,S, Fraser ,WD, Hartikainen, AL, Zhai, G, Macdonald, HM, Forouhi, NG, Loos, RJ, Reid DM, Hakim ,A, Dennison, E, Liu ,Y, Power, C, Stevens ,HE, Jaana ,L, Vasan ,RS,

Soranzo ,N, Bojunga ,J, Psaty ,BM, Lorentzon ,M, Foroud ,T, Harris ,TB, Hofman ,A, Jansson ,JO, Cauley ,JA, Uitterlinden ,AG, Gibson ,Q, Jarvelin ,MR, Karasik ,D, Siscovick ,DS, Econs ,MJ, Kritchevsky ,SB, Florez ,JC, Todd ,JA, Dupuis ,J, Hypponen ,E, Spector ,TD, 2010) e em afro-americanos (L. Foucan, Ducros, J., Merault, H., 2012).

No ensaio de genotipagem do SNP rs2282679 efectuado em 323 indivíduos não diabéticos, verificou-se que a distribuição alélica era 0% GG, 13%TG e 87%TT. Foram observados valores mais baixos de vitamina D sérica e frequências mais elevadas de insuficiência e deficiência de D nos portadores do genótipo TG do que nos restantes indivíduos (TT). Assim, para o rs2282679, ser portador do alelo G aumentou o risco de VDD e insuficiência. Além disso, este SNP, juntamente com o rs12785878, foi responsável por 3% da variação dos níveis de 25(OH)D (L. Foucan, Velayoudom-Cephise,F.L., Larifla,L., Armand,C., Deloumeaux,J., Fagour, J., Plumasseau, J., Portlis,M.L, Liu,L., Bonnet,F., Ducros,J., 2013).

Descobriu-se que dois polimorfismos missense (rs7041 e rs4588) são a principal razão para a existência de três formas diferentes de VDBP (que diferem na sua afinidade pela vitamina D). Estes polimorfismos existem no exão 11 do gene GC (Arnaud, 1993; Braun, 1992).

Num estudo de associação de todo o genoma realizado por Jiyoung Ahn et al. , foram identificados muitos SNP no cromossoma 4 q12-q13 (região que codifica VDBP) e verificou-se que estes SNP estavam fortemente relacionados com o nível circulante de 25(OH)D, especialmente o SNP rs2282679 (Ahn 2010).

Relativamente aos níveis séricos de VDBP e à sua correlação com os níveis de 25(OH)D e a incidência de algumas doenças, Dustin et al. provaram que os níveis séricos de VDBP eram mais elevados em indivíduos saudáveis do que em indivíduos diabéticos. No entanto, não houve associação entre os níveis séricos de VDBP e os níveis de vitamina D. Além disso, os polimorfismos na VDBP não tiveram qualquer efeito nos níveis séricos de VDBP (Blanton, 2011).

1.1.2. Estado da vitamina D e nível sérico da hormona paratiroideia (PTH):

Foram efectuados muitos estudos experimentais alargados para avaliar a relação entre os níveis séricos de vitamina D, cálcio e PTH. Correlacionando os três parâmetros, Aloia et al. descobriram que tanto o nível sérico de 25(OH)D, que é considerado o indicador mais fiável do estado da vitamina D no organismo, como a ingestão de cálcio estavam inversamente correlacionados com o nível de PTH no soro e que os baixos níveis séricos de 25(OH)D, para além da diminuição da ingestão de

cálcio, estavam altamente associados ao hiperparatiroidismo secundário (Aloia, 2010). Noutro estudo realizado por Steingrimsdottir et al. em adultos islandeses saudáveis, verificou-se uma correlação inversa entre a 25(OH)D sérica e a PTH sérica, mas desta vez independente da ingestão de cálcio
(Steingrimsdottir, 2005).

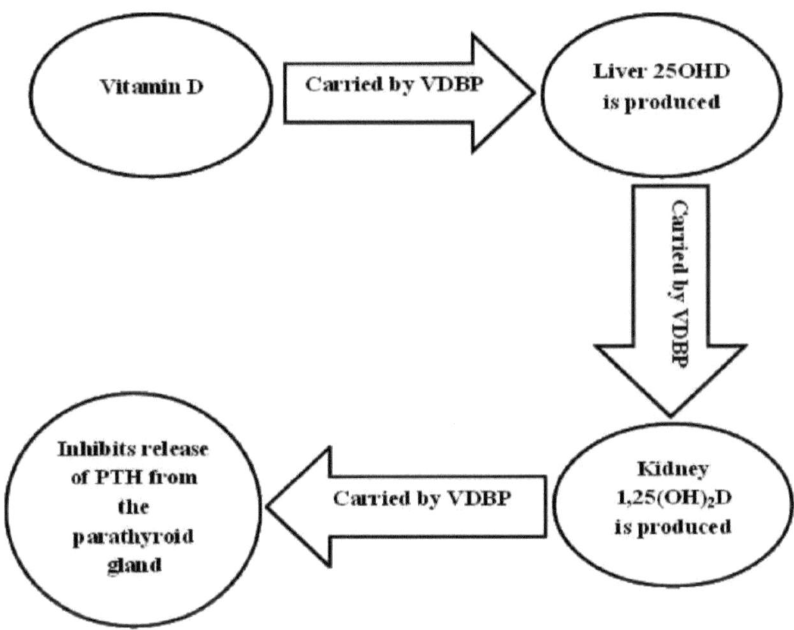

Figura 2: Relação entre vitamina D, VDBP e PTH

1.10. Natureza da hormona paratiroideia (PTH)

É uma hormona polipeptídica de peso molecular 9500 Daltons, constituída por 84 aminoácidos, formada nas células epiteliais da glândula paratiroide e armazenada nos seus grânulos secretores. A diminuição da concentração extracelular de cálcio ionizado desencadeia a fusão dos grânulos secretores de PTH com a membrana glandular e a libertação de PTH na circulação (Gunther, 2000).

1.11. Relação entre níveis séricos elevados de PTH e DCV

O aumento do nível sérico de PTH revelou-se fortemente associado ao risco de DCV e de morte (Block, 2004). Estudos experimentais e clínicos forneceram muitos indícios de que o aumento dos níveis de PTH acima do seu intervalo normal pode ser a razão subjacente ou, pelo menos, contribuir para doenças vasculares como a disfunção endotelial, o aumento da rigidez vascular, a hipertensão e a aterosclerose da artéria pré-cerebral (Perkovic, 2003).

Num estudo realizado por Emil Hagstrom et al em duas coortes independentes baseadas na comunidade, o aumento da PTH foi altamente associado ao grau de aterosclerose e ao risco de doença aterosclerótica (Hagstrom, 2014).

1.11.1. Mecanismos através dos quais os níveis de PTH contribuem para a DCV:

- O aumento da PTH pode contribuir para a aterogénese através de dois mecanismos. Ou exerce a sua ação diretamente, ligando-se aos receptores de PTH na parede do vaso, causando calcificação vascular e remodelação vascular, ou indiretamente, induzindo inflamação e disfunção vascular (Walker, 2009).
- A PTH induz hipertrofia ventricular esquerda, insuficiência cardíaca congestiva, calcificação cardíaca e fibrose; todos estes estados de deterioração têm efeitos negativos secundários tanto nos vasos sanguíneos como no miocárdio (Hagstrom, 2010).
- O aumento da PTH está amplamente correlacionado tanto com factores de risco cardiovascular bem conhecidos como com os mais recentemente descobertos, como os marcadores inflamatórios, a disfunção renal e a patologia cardíaca (Hagstrom, 2010).

CAPÍTULO 2

2. <u>Objetivo do trabalho</u>

Investigar a associação de variantes genéticas do SNP rs2282679 da proteína de ligação à vitamina D com os níveis circulantes de 25-hidroxi vitamina D, VDBP, PTH e suscetibilidade a DCV em homens egípcios.

CAPÍTULO 3

3. Sujeitos e métodos

3.1. Temas

112 Pacientes com idades entre 35 e 50 anos foram recrutados no National Heart Institute (NHI) em Imbaba, Cairo, e no hospital El-Kasr El-Einy, Cairo. Tinham antecedentes de enfarte do miocárdio, intervenção coronária percutânea ou cateterismo coronário que comprovasse doença arterial coronária (DAC). Os doentes que provaram ter qualquer outra doença crónica para além da DCV, como doenças renais ou hepáticas crónicas ou diabetes mellitus, foram completamente excluídos do estudo. Além disso, a pressão arterial dos doentes foi controlada com fármacos que não afectam os níveis circulantes de 25(OH) D.109 Foram também recrutados voluntários saudáveis, que foram investigados como controlos sem DCV.

3.2. Colheita de espécimes

Foram colhidas amostras de sangue de cada indivíduo em vacutainers que foram centrifugados a 2500 rpm durante 10 minutos a 4°C. O plasma e o soro separados foram armazenados num congelador a -80°C até serem necessários para análises de 25 (OH) D por HPLC, VDBP (GC) e ensaios PTH ELISA, enquanto o sangue restante foi armazenado a 4°C para extração de ADN.

3.3. Isolamento de ADN do sangue humano total

O ADN genómico foi extraído de amostras de sangue total utilizando o minikit de purificação de ADN genómico de sangue total Gene Jet da Thermo Scientific (#ko781, número de lote 00135002) de acordo com as instruções do fabricante. O ADN purificado está isento de proteínas, nucleases e outros contaminantes ou inibidores, pelo que pode ser diretamente adicionado às reacções de PCR ou de PCR em tempo real.

3.3.1. Princípio do kit de extração de ADN

O Mini Kit de Purificação de ADN Genómico de Sangue Total GeneJET foi concebido para a purificação rápida e eficiente de ADN genómico de elevada qualidade a partir de sangue total e fluidos corporais relacionados. O kit utiliza tecnologia de membrana à base de sílica sob a forma de uma prática coluna de centrifugação, eliminando a necessidade de resinas dispendiosas, extracções tóxicas de fenol-clorofórmio ou precipitações demoradas com álcool. O procedimento padrão demora menos de 20 minutos após a lise celular e produz ADN purificado de tamanho superior a 30 Kb. O ADN isolado pode ser utilizado diretamente em

PCR, qPCR, Southern blotting e reacções enzimáticas. As amostras são digeridas com Proteinase K na Solução de Lise fornecida. O lisado é então misturado com etanol e carregado na coluna de purificação, onde o ADN se liga à membrana de sílica. As impurezas são efetivamente removidas através da lavagem da coluna com os tampões de lavagem preparados. O ADN genómico é então eluído em condições de baixa força iónica com o tampão de eluição.

3.3.2. Componentes do minikit Thermo Scientific Gene Jet

a) Solução de proteinase K (1,2 ml)
b) Solução de lise (24 ml)
c) Tampão de lavagem concentrado I WB I (10 ml):
d) Este tampão exigiu uma preparação adicional. Foi diluído adicionando 30 ml de álcool etílico absoluto (Adwic, número de lote: 2008/2) que foi obtido de um fornecedor externo (não fornecido pelo kit).
e) Tampão de lavagem II WB II concentrado (10 ml):
f) Este tampão foi preparado exatamente como o anterior. Foi diluído adicionando 30 ml de álcool etílico absoluto (Adwic, número de lote: 2008/2), obtido de um fornecedor externo (não fornecido pelo kit).
g) Tampão de eluição (30 ml): Os constituintes deste tampão são Tris-HCL 10Mm, PH 9.0, EDTA 0.5 mM)
h) Colunas de purificação de ADN genómico Gene Jet pré-montadas com tubos de recolha (50 colunas).
i) Tubos de recolha de 2 ml (50 tubos).

3.3.3.1 Instrumentos utilizados n-casa:

a) Centrifugadora Eppendorf 5804 R
b) Vortex Genie2 modelo G-560E Eppendorf thermomixer compact

3.3.4.Procedimento:

1) Adicionaram-se 20 ml de solução de proteinase K a 200 ml de sangue total e misturou-se com um vórtice; em seguida, adicionaram-se 400 ml de solução de lise e misturou-se com um vórtice até se obter uma suspensão uniforme.
2) A amostra foi incubada e misturada a 56°C durante 10 min. utilizando o misturador Thermo até estar completamente lisada.
3) Depois de retirado do misturador térmico, adicionaram-se 200 ml de etanol (96-100%) e misturou-se por pipetagem.

4) A mistura preparada foi então transferida para a coluna de centrifugação e centrifugada durante 1 minuto a 8.000 rpm. O tubo de recolha que continha a solução de escoamento foi depois eliminado e a coluna foi colocada num novo tubo de recolha de 2 ml.

5) Adicionaram-se 500 il de tampão de lavagem I à coluna e centrifugou-se durante

    1 min a 8.000 rpm novamente, depois o fluxo foi descartado e a coluna foi colocada novamente no tubo de recolha.
6) Adicionaram-se 500 il de tampão de lavagem II à coluna e centrifugou-se durante 3 minutos à velocidade máxima (14 000 rpm).
7) O tubo de recolha foi esvaziado; a coluna de purificação foi novamente colocada no tubo e centrifugada durante 1 minuto a 14 000 rpm. O tubo de recolha foi então rejeitado e a coluna foi transferida para um tubo de microcentrifugação estéril de 1,5 ml.
8) Foram adicionados 200 il de tampão de eluição ao centro da membrana da coluna para eluir o ADN genómico. Deixou-se incubar durante 2 minutos à temperatura ambiente e, em seguida, centrifugou-se durante 1 minuto a 10 000 rpm.
9) A coluna de purificação foi rejeitada e o ADN purificado nos tubos de microcentrifugação estéreis foi armazenado a -20°C até à sua utilização.

3.4. Ensaio de genotipagem

O ensaio de genotipagem foi efectuado utilizando o ADN purificado extraído das amostras de sangue total. O ensaio foi efectuado com o sistema Applied Biosystems Fast RealTime PCR System, utilizando a versão do software PCR e Sequence Detection Systems baseada em fluorescência, para determinar um polimorfismo de nucleótido único (SNP) no gene GC (o gene que codifica o VDBP).

3.4.1. Materiais utilizados:

1. TaqMan Master Mix, 1 pacote. Número de peça 4371355. Fornecido em concentração 2X. A mistura está optimizada para a genotipagem de SNP utilizando sondas TaqMan e contém AmpliTaq Gold DNA Polymerase UP (Ultrapure), dNTPs sem dUTP, Passive Reference 1 e componentes de mistura optimizados. Esta embalagem contém um frasco de 10 ml, suficiente para 400 reacções com um volume total de 50 ml.
2. Mistura 40X do ensaio de genotipagem SNP (rs2282679) que contém:
   - Primers forward e reverse específicos da sequência para amplificar a

sequência polimórfica de interesse.
- Duas sondas TaqMan® MGB:
    - Uma sonda marcada com o corante VIC® detecta a sequência do alelo 1
    - Uma sonda marcada com o corante FAM™ detecta a sequência do alelo 2

3. Tampão TE (10 mM Tris-HCL, 1 mM EDTA, pH 8, água filtrada esterilizada isenta de ADNse): Este tampão foi preparado misturando 10mL de Tris-HCL 1M com 2 ml de EDTA 0,5M e, em seguida, utilizando água destilada para completar o volume final desta solução para 1000mL. Após a mistura de todos os componentes, o pH da solução foi ajustado para 8.

   Este tampão é bom para solubilizar o ADN e protegê-lo da degradação. É altamente recomendado para a diluição do ensaio SNP 40X.

3.4.2.1 nstrumentos utilizados:

1. PCR em tempo real
2. Centrifugação
3. Vórtice

3.4.3.Método:

3.4.3.1. Preparação das amostras:

1. As amostras de ADN congelado foram descongeladas e ressuspendidas por agitação em vórtice e centrifugação breve dos tubos.
2. Cada amostra foi testada quanto à concentração e pureza do ADN utilizando o espetrofotómetro THERMO SCIENTIFIC NANO-DROP 2000.
3. Cada amostra de ADN foi diluída com água sem ADNase para obter uma massa final de ADN de 20 ng por poço (tubo PCR). O volume de amostra de ADN e de água sem DNase por reação foi fixado em 11,25pl.

3.4.3.2. Preparação dos reagentes:

1. Estoque de trabalho 20X do ensaio SNP Genotyping: preparado através dos seguintes procedimentos:
    - O ensaio de genotipagem SNP congelado 40X foi retirado do congelador, ressuspendido por vórtex e depois centrifugado.
    - O ensaio SNP Genotyping 40X foi então diluído com igual quantidade de tampão TE para formar um stock de trabalho 20X do ensaio SNP Genotyping.

Cada amostra ou cada reação de PCR requereu 1,25ιι1 do stock de trabalho 20X preparado do ensaio SNP Genotyping.

2. TaqMan Universal PCR Master Mix: Depois de retirar o frasco do frigorífico, misturou-se bem, rodando o frasco.

   Cada amostra ou cada reação de PCR requer 12,5 il do Taq Man Universal Master Mix.

3. Mistura de reagentes:

   Tanto o ensaio SNP Genotyping como o Universal PCR Master Mix foram misturados num tubo de microcentrífuga estéril nas quantidades necessárias, tendo em consideração o volume necessário de cada um deles para cada reação e o número de reacções PCR a realizar nesse dia. Ambos foram misturados por agitação em vórtice e depois centrifugados utilizando o modo de centrifugação rápida.

1.1.3.3. Procedimentos:

1. Para cada amostra previamente preparada (contendo ADN e água sem nuclease com um volume total de 11,25pl), foi pipetado 13,75ιι1 da mistura de Reagentes.
2. Os tubos PCR foram então misturados por vórtex e centrifugados brevemente para centrifugar todos os componentes e eliminar quaisquer bolhas de ar.
3. Por fim, os tubos de PCR foram inseridos nos poços do dispositivo de PCR em tempo real da Applied Biosystems e o ensaio foi efectuado durante 1,5 horas.

Quadro 2: Descrição do ensaio de genotipagem SNP

Assay ID	C_26407519_10
dbSNP ID	rs2282679
Location (NCBI Build 36)	Chr.4- 72608383
Species	Homo sapiens
Set Membership	HapMap JSNP
Context Sequence ([VIC/FAM])	AGCTAACAATAAAAAATACCTGGCT[G/T]TGTGAG ATAATTAAGAGACAGAGAT
Polymorphism	G/T, Transversion Substitution, Intron, Intragenic
Assay type	Functionally tested

3.5. Deteção dos níveis de PTH por ELISA

Os níveis de PTH, tanto dos controlos como dos doentes, foram medidos utilizando o kit de imunoensaio DRG Intact PTH e seguindo as instruções do fabricante.

3.5.1. Componentes do kit

Quadro 3: ELISA dos componentes do kit PTH

RGT1 = Reagent 1	Biotinylated PTH antibody	7mL
RGT2 = Reagent 2	Peroxidase labeled antibody	7mL
RGT B = Reagent B	TMB Substrate [tetramethyl benzidine]	20mL
RGT 3 = Reagent 3	Diluent [equine serum] for patient samples read off-scale	2mL
RGT A = Reagent A	ELISA Wash concentrate [Saline with surfactant]	30mL
SOLN = Stopping Solution	ELISA Stop Solution [1N sulfuric acid]	20mL
RGT 4 = Reagent 4	Reconstitution Solution containing surfactant	5mL
PLA = Microplates	One holder with Streptavidin Coated strips	12 X 8-well strips
CAL = Calibrators (A, B, C, D, E, F)	Lyophilized synthetic h-PTH. Lyophilized Zero calibrator [BSA solution with goat serum]. All other calibrators consist of synthetic h-PTH (1-84) in BSA solution with goat serum.	0.5mL per level
CTRL = Controls 1 & 2	Lyophilized. 2 levels. Synthetic h-PTH (1-84) in BSA solution with goat serum.	0.5mL per level

3.5.1. Preparação dos reagentes

1) Calibradores A a F:

   Cada frasco para injectáveis é reconstituído com 500 ml de Reagente 4 (Solução de Reconstituição) e misturado por inversão suave, devendo ser utilizado logo que possível após a reconstituição.

2) Comandos 1 e 2:

   Tal como para os calibradores, cada frasco para injectáveis é reconstituído com 500 ml de Reagente 4 (Solução de Reconstituição) e misturado por inversão suave, devendo ser utilizado logo que possível após a reconstituição.

3) Reagente A (concentrado de lavagem):

Preparado adicionando 570 ml de água destilada aos 30 ml de concentrado de lavagem e misturando.

3.5.3. Procedimento

1) Pipetar 25 ml de calibradores, controlos e amostras para os poços designados (revestidos com tiras revestidas com estrepatavidina).
2) Adicionam-se 50 il de Reagente1 (anticorpo biotinilado) a cada um dos alvéolos, que já contêm os calibradores, os controlos e as amostras.
3) Adicionou-se 50 il de Reagente2 (Anticorpo marcado com enzima) a cada um dos mesmos poços. Em seguida, a microplaca foi coberta com folha de alumínio para evitar a exposição à luz e colocada num agitador orbital a 170 rpm durante 3 horas à temperatura ambiente (22°C-28°C)
4) Primeiro, o líquido foi completamente aspirado e, em seguida, cada poço foi lavado cinco vezes com a solução de lavagem de trabalho (preparada a partir do reagente A), utilizando uma máquina automática de lavar microplacas. O volume da solução de lavagem foi regulado para dispensar 350 ml em cada alvéolo.
5) Adicionar 150 il de Reagente B (substrato TMB) a cada um dos alvéolos.
6) A microplaca foi coberta com folha de alumínio para evitar a exposição à luz e colocada num agitador orbital a 170 rpm durante 30 minutos à temperatura ambiente (22°C-28°C).
7) Adicionar 100 il da solução de paragem a cada um dos alvéolos e misturar suavemente.
8) A absorvância da solução foi medida no espaço de 10 minutos por duas vezes; a primeira vez utilizando um leitor de microplacas regulado para 450nm e a segunda para 405nm.
9) Foram construídas duas curvas de calibração com base nos valores finais de absorvância obtidos e seguindo o protocolo. A concentração de PTH nas amostras foi obtida utilizando estas curvas.

3.6. Deteção dos níveis séricos de VDBP por ELISA

A VDBP foi analisada no soro dos doentes e dos controlos utilizando o Quantikine ELISA Human Vitamin D BP Immunoassay R&D SYSTEMS Número de lote: 313362, Número de catálogo: DVDBPO.

3.6.1. Princípio do ensaio

Este ensaio utiliza a técnica quantitativa de imunoensaio enzimático em sanduíche. Um anticorpo monoclonal específico para a Vitamina D BP foi pré-revestido numa microplaca. Os padrões e as amostras são pipetados para os poços e qualquer Vitamina D BP presente é ligada pelo anticorpo imobilizado. Após a lavagem de quaisquer substâncias não ligadas, é adicionado aos poços um anticorpo monoclonal ligado a enzimas específico para a vitamina D BP. Após uma lavagem para remover qualquer reagente anticorpo-enzima não ligado, é adicionada uma solução de substrato aos poços e a cor desenvolve-se proporcionalmente à quantidade de Vitamina D PB ligada na fase inicial. O desenvolvimento da cor é interrompido e a intensidade da cor é medida.

3.6.2. Componentes do kit

Quadro 4: ELISA dos componentes do kit VDBP

Component	Description
Vitamin D BP Microplate	96 well polystyrene microplate (12 strips of 8 wells) coated with a mouse monoclonal antibody against Vitamin D
Vitamin D BP Conjugate	21 mL of a mouse monoclonal antibody against Vitamin D BP conjugated to horseradish peroxidase with
Vitamin D BP Standard	1000 ng of natural human Vitamin D BP in a buffer with preservatives; lyophilized
Assay Diluent RDM 9	11 mL of a buffered protein base with preservatives.
Calibrator Diluent RD6-11	4 vials (21 mL/vial) of a buffered protein base with preservatives.
Wash Buffer Concentrate	21 mL of a 25-fold concentrated solution of buffered surfactant with preservative. May turn yellow over time.
Color Reagent A	12 mL of stabilized hydrogen peroxide.
Color Reagent B	12 mL of stabilized chromogen (tetramethylbenzidine).
Stop Solution	6 mLof 2 N sulfuricacid.
Plate Sealers	4 adhesive strips

3.6.3.1 outras ferramentas e instrumentos utilizados que não foram fornecidos pelo kit

- Leitor de microplacas
- Pipetas e pontas de pipetas
- Água destilada
- Lavadora de microplacas automatizada
- Garrafa graduada de 500 ml
- Agitador de microplacas orbital horizontal
- Tubos de ensaio para diluição de padrões e amostras

3.6.4.5 Preparação da amostra (soro)

Para obter uma diluição de 2000 vezes, cada amostra foi diluída em duas etapas, do
seguinte modo: a) 20 il da amostra foram adicionados a 980 il do diluente do
calibrador RD6-11.
    b) Em seguida, adicionaram-se 25 il da amostra diluída a 975 il do Diluente de
Calibração RD6-11.

3.6.5. Preparação dos reagentes

Todos os reagentes foram levados à temperatura ambiente antes de serem utilizados.
- Tampão de lavagem: preparado adicionando 20 ml de concentrado de tampão
de lavagem a 480 ml de água destilada para preparar 500 ml de tampão de
lavagem.
- Solução de substrato: Os reagentes de cor A e B devem ser misturados em
volumes iguais nos 15 minutos seguintes à utilização. Proteger da luz. São
necessários 200 uL da mistura resultante por poço.
- Padrão VDBP: Reconstituído com 1mL de água destilada. Esta reconstituição
produziu uma solução-mãe de 1000 ng/mL. O padrão foi deixado em repouso
durante um mínimo de 15 minutos com agitação suave antes de efetuar as
diluições. 750 iiL de Diluente do Calibrador foram pipetados RD6-11 para o
tubo de 250 ng/mL. Foram pipetados 500 iiL de Diluente Calibrador RD6-11
para os restantes tubos. A solução-mãe foi utilizada para produzir uma série de
diluições (como abaixo). Cada tubo foi bem misturado antes da transferência
seguinte. O padrão de 250 ng/mL serviu como padrão elevado. O Diluente de
Calibração RD6-11 serviu como padrão zero (0 ng/mL).

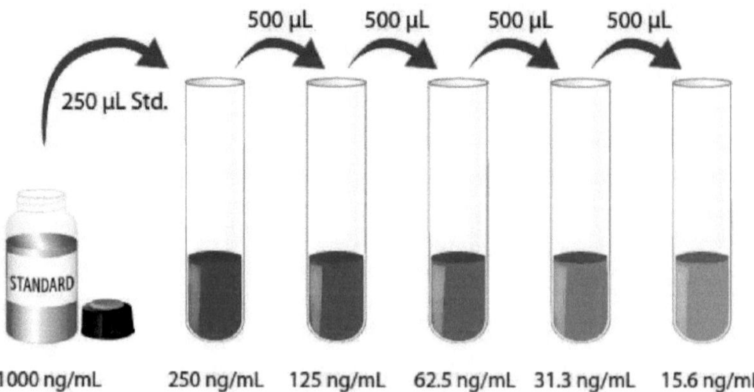

Figura 3: Série de diluições para o padrão VDBP

3.6.6. Procedimento

I. Adicionar 100 pL de Diluente de Ensaio RD1 -19 a cada poço da microplaca.

2. Adicionar 50 pL de padrão, controlo ou amostra por poço. Cobrir com a fita adesiva fornecida. Incubar durante 1 hora à temperatura ambiente num agitador de microplacas orbital horizontal regulado para 500 rpm.

3. Aspirar cada poço e lavar, repetindo o processo três vezes para um total de quatro lavagens. Lavar enchendo cada poço com Tampão de Lavagem (400 uL) utilizando uma máquina de lavar automática. A remoção completa do líquido em cada passo é essencial para um bom desempenho. Após a última lavagem, remover qualquer tampão de lavagem restante por aspiração ou decantação. Inverter a placa e colocá-la sobre papel absorvente limpo.

4. Adicionar 200 pL de conjugado de vitamina D BP a cada poço. Cobrir com uma nova tira adesiva. Incubar durante 2 horas à temperatura ambiente no agitador.

5. Repetir a aspiração/lavagem como na etapa 3.

6. Adicionar 200 pL de solução de substrato a cada poço. Incubar durante 30 minutos à temperatura ambiente na bancada. Proteger da luz.

7. Adicionar 50 pL de solução de paragem a cada poço. Se a mudança de cor não parecer uniforme, bater suavemente na placa para garantir uma mistura completa. Se a cor nos poços for verde ou se a mudança de cor não parecer uniforme, bater ligeiramente na placa para garantir uma mistura completa.

8. Determinar a densidade ótica de cada alvéolo no prazo de 30 minutos, utilizando um leitor de microplacas regulado para 450 nm. Se estiver disponível uma correção do comprimento de onda, ajustar para 540 nm ou 570

nm. Se a correção do comprimento de onda não estiver disponível, subtrair as leituras a 540 nm ou 570 nm das leituras a 450 nm. Esta subtração permite corrigir as imperfeições ópticas da placa. As leituras efectuadas diretamente a 450 nm sem correção podem ser mais elevadas e menos precisas.

3.6.7. Cálculo

Foi construída uma curva-padrão que correlaciona a DO com a concentração utilizando um programa informático e a concentração de VDBP nas amostras foi obtida utilizando esta curva.

3.7. Determinação dos níveis séricos de 25 (OH) D:
3.7.1.Princípio

O estado da 25(OH)D foi determinado utilizando um HPLC- UV desenvolvido e validado internamente (M. A. Abu El Maaty, Hanafi, R.S, 2014). A classificação do estado geral da vitamina D foi a seguinte: os indivíduos com uma concentração total de 25(OH)D superior ou igual a 30 ng/mL foram descritos como suficientes, entre 20 e 30 ng/mL como insuficientes e abaixo de 20 ng/mL como deficientes (Lee, 2008).

3.7.2 Reagentes:

Quadro 5: Reagentes utilizados no ensaio da 25(OH)D

Reagents	source
Cholecalciferol	Sigma-Aldrich Chemie GmbH, Steinheim (Germany)
Ergocalciferol	Sigma-Aldrich Chemie GmbH, Steinheim (Germany)
25-Hydroxycalciferol	Sigma-Aldrich Chemie GmbH, Steinheim (Germany)
25-Hydroxyergocalciferol	Sigma-Aldrich Chemie GmbH, Steinheim (Germany)
Ammonium sulfate	Riedel-De Haen AG Seelze- Hannover (Germany)
Absolute ethanol	Sigma-Aldrich Chemie GmbH, Steinheim

	(Germany)
Sodium hydroxide	El Nasr Pharmaceutical Chemical Co. (Egypt)
Disodium hydrogen phosphate	El Nasr Pharmaceutical Chemical Co. (Egypt)
Acetonitrile	HPLC grade, Sigma-Aldrich Chemie GmbH, Steinheim (Germany)
Hexane	HPLC grade, Sigma-Aldrich Chemie GmbH, Steinheim (Germany)
Isopropanol	HPLC grade, Sigma-Aldrich Chemie GmbH, Steinheim (Germany)
Methanol	HPLC grade, Sigma-Aldrich Chemie GmbH, Steinheim (Germany)
HPLC water	Purelab UHQ water, ELGA (UK)
Phosphoric acid	Puriss., for HPLC, Sigma-Aldrich Chemie GmbH, Steinheim (Germany)
Monobasic sodium monophosphate	Winlab (UK)
Solid Phase Extraction (SPE) cartridge	C18, 3mL, 500mg, Thermo Scientific (USA)
Human Serum	1-El-kasr el Einy hospital 2- National Heart Institute (NHI) in Imbaba, Cairo

3.7.3.Instrumentos:

Quadro 6: Instrumentos utilizados para o ensaio de 25(OH)D

Instrument	Specification
HPLC	Thermo Finnigan Spectrasystem® (UK) Which consists of: 1) Pump: Spectrasystem P2000 2) Detector: Spectrasystem UV3000 3) Autosampler: Spectrasystem AS3000

	4) Software: Chromquest 4.2 data system
HPLC column	Thermo Scientific BDS Hypersil C18 Dimensions (mm): 150 x 4.6 Particle size (μ): 5
HPLC guard column holder	Thermo Scientific
HPLC method development software	DryLab®2000 (Germany)
pH meter	Jenway 3510, Bibby Scientific Limited CO. (UK)
Water purification system	ELGA Purelab UHQ II (UK)
Centrifuge	Eppendorf centrifuge 5804 R
Concentrator	Tecam Dri-Block, Bibby Scientific Limited CO. (UK)

3.7.4. Procedimento

1. Pré-tratamento

a) Juntar 500 ml de amostra de soro num tubo falcon.
b) Adicionar 500 ml de sulfato de amónio ao soro (o soro torna-se leitoso) e misturar em vórtice.
c) Em seguida, adicionou-se 1000ul de etanol absoluto e misturou-se no vórtex.
d) O tubo falcon foi centrifugado a 4000 rpm durante 10 minutos.
e) Em seguida, separou-se o sobrenadante do precipitado num novo tubo Falcon e rejeitou-se o precipitado.
f) Adicionou-se 1000 ml de fosfato dipotássico (PH=10,5) ao sobrenadante e misturou-se no vórtex.
g) Em seguida, adicionou-se 1000 ul de acetonitrilo e misturou-se no vórtice.
h) Centrifugação a 4000 rpm durante 10 minutos
i) Separa-se o sobrenadante e rejeita-se o precipitado.

j) Foram adicionados 15,6 µl de reserva de vitamina D2 (padrão interno) ao sobrenadante separado.

2. Extração em fase sólida

   a) Coluna SPE Solvação

      I. Aplicar 2000 ul de hexano na coluna

      II. Em seguida, 3000 ml de isopropanol

      III. De seguida, adicionou-se 3000 il de metanol.

      IV. Em seguida, 5000 ml de água ultra-pura

   b) Aplicação da amostra à coluna SPE (cartilagem)

   c) Eluição

   l) Eluição de interferências

> 5000 ill foi adicionada água ultrapura para eliminar quaisquer analitos polares interferentes

> 2500 ill metanol:água ultrapura (7:3) para remover interferências menos polares. Aqueles que não são tão apolares como a vitamina D e os seus metabolitos

> O resultado foi rejeitado.

   m) . Eluição do analito

      Adicionou-se à coluna > 5000 il de metanol e o resultado foi distribuído por 3 eppendorfs.

3. O Eppendorf foi colocado sob vácuo até à evaporação completa (no concentrador a 30°C durante -5 horas).

4. Reconstituição da amostra (em 250 ml de metanol) e, em seguida, a amostra estava pronta para ser injetada na HPLC.

5. As condições cromatográficas escolhidas foram as seguintes:

Fase móvel A: Tampão fosfato 0,02M

Fase móvel B: mistura de metanol e acetonitrilo (1:1)

Tempo de gradiente: 25 minutos

Gradiente: 78-95% B

Duração: 40 minutos

Temperatura: 57°C

Deteção: 256nm

Caudal: 1mL/min.

Volume injetado: 25il

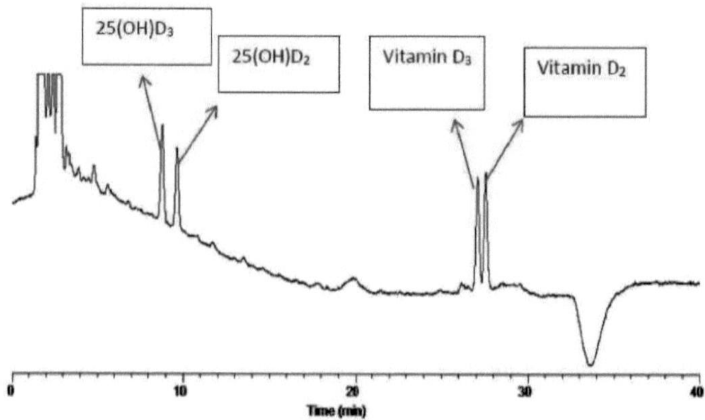

Figura 4: Cromatograma de uma mistura padrão dos quatro analitos de interesse. A 25(OH)D3 aparece aos 9 minutos, a 25(OH)D2 aparece aos 10 minutos, a vitamina D3 aparece aos 27,0 minutos e a vitamina D2 aparece aos 27,5 minutos.

3.7.5. Cálculos

Concentração X= (ÁreaX / ÁreaIS) X (ConcentraçãoIS / DRF relativa) Em que:
1. X é a substância a analisar (OH-D2 ou OH-D3)
2. DRF relativo = DRFX / DRFIS

Tabela 7: Analitos incluídos no estudo juntamente com os seus DRFs

Analyte	Detector Response Factor
25(OH) D3	51.7 ± 3.6
25(OH) D2	74.8 ± 2.9
D3	36.5 ± 3.3
D2(internal standard I used)	32.4 ± 1.7

4. <u>Análises estatísticas</u>

O equilíbrio de Hardy-Weinberg (HWE) foi testado utilizando o teste do qui-quadrado de qualidade de ajuste. Foram efectuados testes de qui-quadrado para verificar se as frequências genotípicas na população se mantinham constantes de geração para geração. As análises foram efectuadas utilizando o software estatístico GraphPad Prism 6. A correlação de Pearson foi utilizada para testar a presença de correlação entre a s-PTH e a s-25OHD ou entre a s-25OHD e a s-VDBP ou entre a s-VDBP e a s-PTH. Os níveis dos metabolitos da vitamina D, s-PTH e s-VDBP foram calculados como média $\pm$ SEM. Mann-

O teste T de Whitney foi utilizado para comparações entre dois grupos. As associações dos diferentes genótipos do rs2282679 com as concentrações de s-25(OH)D, s-PTH e s-VDBP foram testadas utilizando o teste de Kruskal-Wallis. Foi utilizada uma Anova unidirecional para detetar a diferença nos níveis de PTH entre os três grupos de estado da vitamina D e, em seguida, foi efectuado um teste post hoc para determinar onde existiam diferenças. De igual modo, foi também utilizada uma Anova de uma via para detetar a diferença nos níveis de VDBP entre os três grupos com estatuto de vitamina D. A significância estatística foi definida com um valor de $p < 0,05$.

CAPÍTULO 5

5. <u>Resultados:</u>

5.1. Estado da vitamina D nos doentes e nos controlos:

O estado da vitamina D dos doentes e dos controlos é apresentado na figura 5. Os níveis totais de 25(OH)D eram significativamente mais baixos nos doentes do que nos controlos (p<0,0001), o mesmo acontecendo com os níveis de 25(OH)D3 e 25(OH)D2.

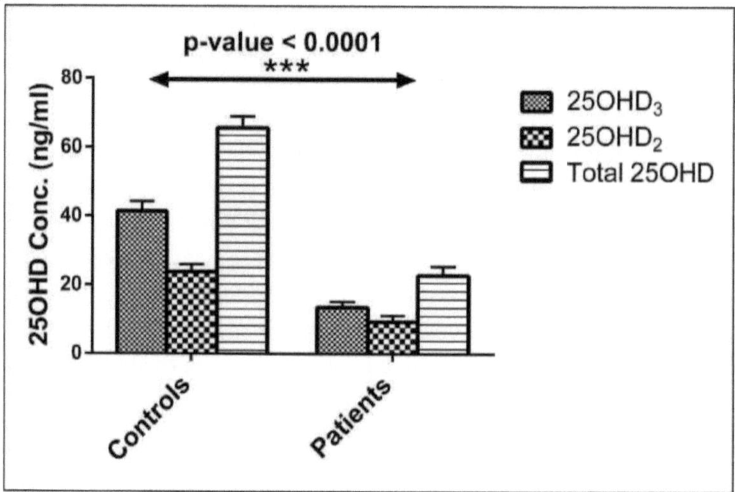

Figura 5: Comparação dos níveis de 25OHD3, 25OHD2 e 25OHD total entre os diferentes grupos de controlos e doentes. O teste T é utilizado para determinar a significância. Os resultados são expressos como média ± SEM e os valores de p < 0,05 são considerados significativos

5.2. Níveis séricos de PTH e VDBP entre os doentes e os controlos:

Os níveis de PTH estão significativamente mais elevados nos doentes com DCV do que nos seus comparáveis (isto é claramente demonstrado na figura 6). O valor de p é altamente significativo (< 0,0001). No entanto, não é claro se o nível elevado de PTH é uma consequência ou uma razão subjacente à DCV.

Por outro lado, não houve diferença significativa nos valores entre os grupos de doentes e de controlo (os valores são apresentados na figura 7), o que indica que o nível médio de VDBP sérico não tem efeito na incidência de DCV.

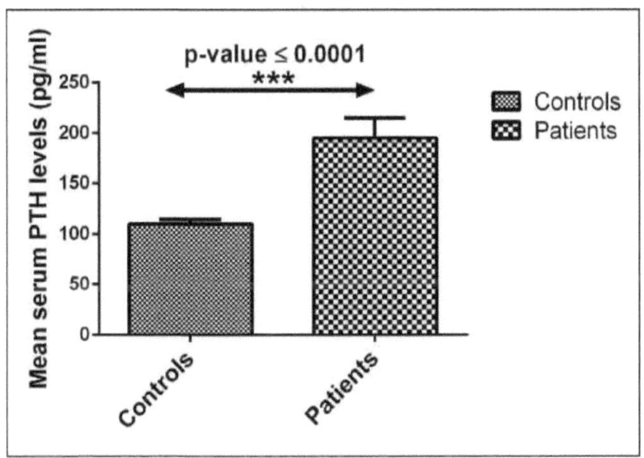

Figura 6: Comparação dos níveis médios de PTH sérica entre os grupos de doentes e de controlo. Os níveis de PTH estão significativamente mais elevados nos doentes com DCV do que nos indivíduos do grupo de controlo (P-value < 0,0001). Os resultados são expressos como Média ± SEM.

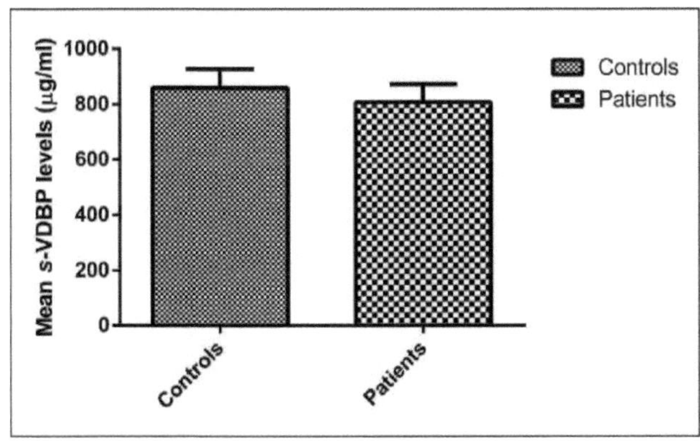

5.3. Genotipagem de VDBP

Os genótipos para o SNP GC rs2282679 estavam a seguir o equilíbrio de Hardy Weinberg, p = 0,076. O SNP rs2282679 está em forte desequilíbrio de ligação com o do rs4588 (r^2 =1,0 no painel HapMap-CEU e 0,7 no painel HapMap-MEX).

Verificou-se que o nosso SNP rs2282679 não está associado à incidência de DAC, tanto no modelo genotípico como no modelo alélico (tabela 8 e figura 8). Não existe uma diferença significativa na distribuição dos diferentes genótipos entre os doentes e os controlos. O TT (tipo selvagem) é o genótipo mais prevalente tanto nos doentes como nos controlos, seguido do GT e, finalmente, do GG, quase ausente em ambos os grupos. O alelo T é o mais prevalente em ambos os grupos (doentes e controlos).

Tabela 8: Distribuição genotípica e alélica de todos os indivíduos no ensaio do SNP rs2282679

Nenhum dos genótipos ou alelos observados influenciou significativamente a incidência de DCV

rs2282679	Controls (n=109)	Patients (n=112)	OR (95% CI)	P-value
TT	70 (64.2%)	80 (71.4%)	TT vs GT 0.7179 (0.4125 to 1.285)	0.2513
GT	39 (35.8%)	32 (28.6%)		
GG	0	0		
G	39 (17.9%)	32 (14.3%)	1.307	0.3022
T	179 (82.1%)	192 (85.7%)	(0.7888 to 2.211)	

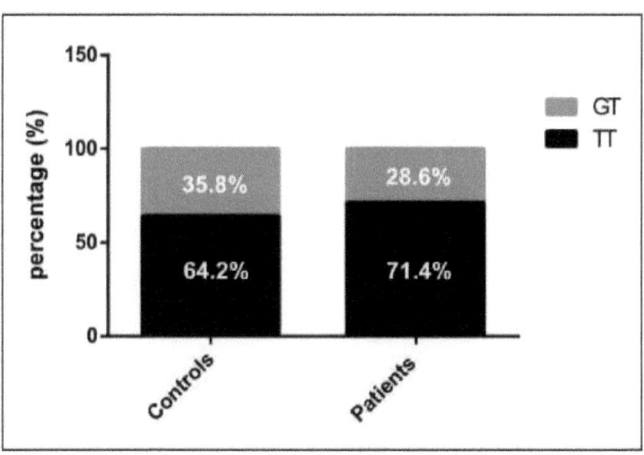

Figura 8: Distribuição genotípica de todos os indivíduos no SNP rs2282679. A distribuição genotípica entre os doentes e os indivíduos de controlo é muito semelhante. Nenhum dos genótipos observados influenciou a incidência de DCV.

A associação dos diferentes genótipos do SNP rs2282679 com os níveis de 25(OH)D3, 25(OH)D2 e 25(OH)D total baseou-se na investigação da ligação separadamente nos doentes, depois nos controlos e, por fim, no agrupamento de todos os indivíduos (tabela 9). Verificou-se uma diminuição significativa do nível de 25(OH)D2 com o genótipo principal (TT) nos indivíduos agrupados (tabela 9 e figura 9).

Tabela 9: Comparação da associação dos genótipos observados do rs2282679 do gene GC com os níveis circulantes de 25(OH)D2 , 25(OH)D3 e 25(OH)D total entre os diferentes grupos de estudo. Os valores de p são calculados utilizando o teste T não emparelhado. Nenhum destes genótipos teve um efeito nos níveis de s-25(OH)D, exceto o tipo selvagem (genótipo TT) que foi significativamente associado a concentrações mais baixas de s-25(OH)D2 nos indivíduos combinados, indicado por um valor de p de 0,02.

GC (rs2282679)	Genotype TT: Wild type GT: Heterozygous GG: Mutant	25(OH)D$_3$ mean (ng/ml)	p-value	25(OH)D$_2$ mean (ng/ml)	p-value	Total 25(OH)D	p-value
Patients (n=112)	GT (n=32) TT (n=80)	14.99±2.163 11.77±1.265	0.163	8.184±1.834 5.407±0.784	0.106	23.11±3.069 17.16±1.553	0.06
Controls (n=109)	GT (n=39) TT (n=70)	34.35±5.7 43.42±4.163	0.266	35.21±4.396 19.61±2.27	0.003	69.55±7.115 63.02±5.014	0.556
Total subjects (n= 221)	GT (n=71) TT (n=150)	23.38±3.235 23.64±2.592	0.5902	19.89±3.271 10.73±1.301	0.02 *	42.23±5.503 34.36±3.493	0.094

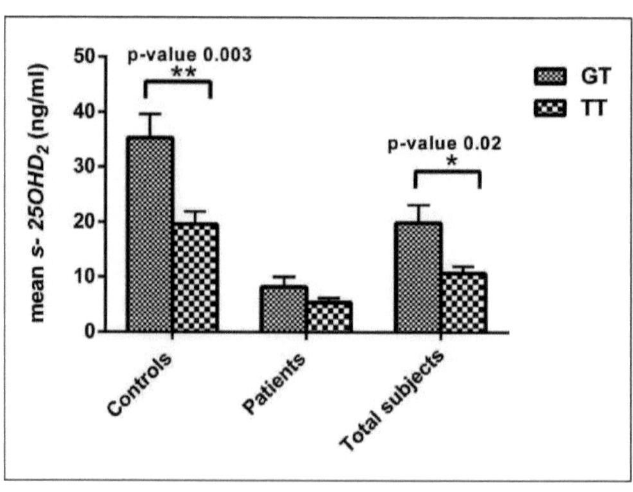

Figura 9: Associação dos diferentes genótipos do rs2282679 do gene GC com os níveis de s- 25OHD2 nos controlos, doentes e indivíduos totais. O tipo selvagem

(genótipo TT) está significativamente associado a níveis mais baixos de s-
25(OH)D2

Da mesma forma, a associação dos diferentes genótipos do SNP rs2282679 com
os níveis séricos médios de VDBP foi efectuada e está representada na figura 10. Não
se obtive uma associação significativa.

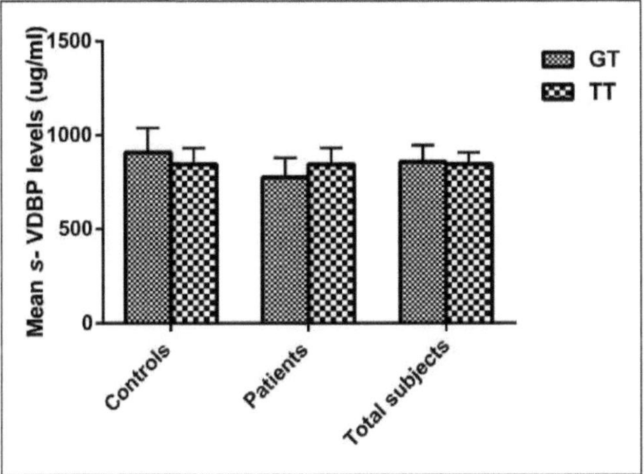

**Figura 10: mostra que os diferentes genótipos do rs22282679 do gene GC não
afectaram os níveis circulantes de VDBP. Os valores de p foram calculados
utilizando o teste T.**

5.4. Relação entre o estado de vitamina D e os níveis séricos medidos de VDBP e PTH:

A diferença nos níveis de VDBP entre os diferentes grupos de estado de
vitamina D em doentes com DCV, controlos e indivíduos combinados é apresentada
na figura 11. Não existe uma associação significativa entre nenhum dos grupos.

A diferença nos níveis de PTH entre os diferentes grupos de estado de
vitamina D em doentes com DCV, controlos e indivíduos combinados é também
apresentada na figura 12. Nos casos e controlos combinados, nota-se uma correlação
inversa significativa entre o estado da vitamina D e os níveis séricos médios de PTH.

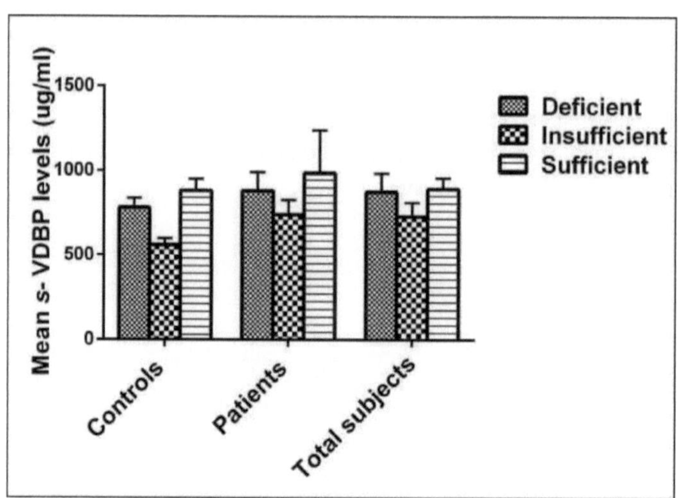

Figura 11: Representação gráfica que mostra que não existe uma associação significativa entre o estado da vitamina D e os níveis de s-VDBP entre os doentes, os controlos e o total de indivíduos. Foi utilizada uma Anova de uma via para testar a significância.

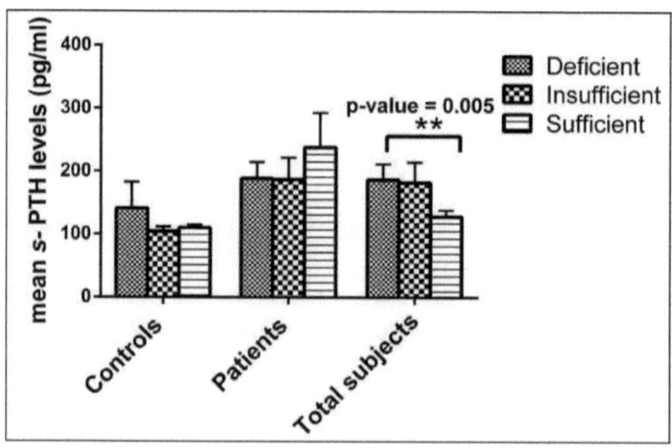

Figura 12: Uma comparação dos níveis médios de s-PTH entre os diferentes

grupos de estado da vitamina D nos controlos, doentes e indivíduos totais. O
estado da vitamina D é encontrado

estar inversamente correlacionado com os níveis médios de PTH
sérico (valor de P=0,005) no
total dos indivíduos e as pessoas com deficiência de vitamina D têm os
níveis
médios de PTH-s mais elevados.

5.5. Correlações dos parâmetros séricos medidos (níveis séricos médios de 25(OH)D total, PTH e VDBP):

A correlação entre os níveis totais de 25(OH)D e PTH é apresentada
claramente na figura 13. O coeficiente de correlação de spearman foi de -0,3362, o
que indica uma correlação inversa entre os níveis de 25(OH)D e os de PTH.

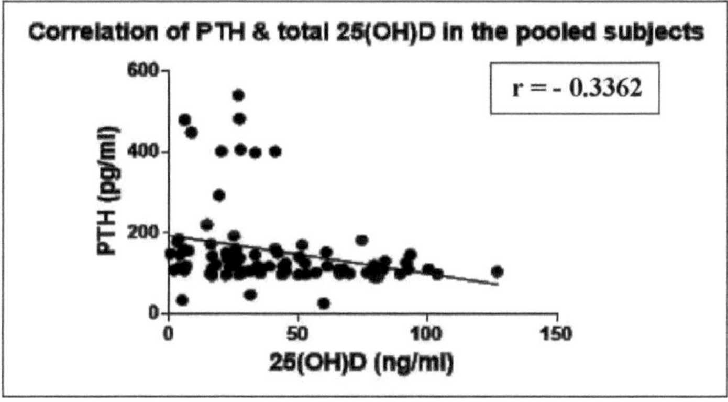

Figura 13: Existe uma correlação inversa fraca entre a PTH sérica média e os
níveis totais de 25(OH)D entre os casos combinados e os indivíduos de controlo.

A correlação entre a VDBP e a 25(OH)D total é apresentada na figura 14. Foi
calculado o coeficiente de correlação de spearman. O valor positivo muito pequeno
do coeficiente de correlação de spearman corresponde a uma tendência monotónica
crescente não significativa entre as duas variáveis.

Da mesma forma, foi calculado o coeficiente de correlação de spearman para a
correlação entre os níveis de PTH e VDBP. Não houve correlação significativa, como

mostra a figura 15.

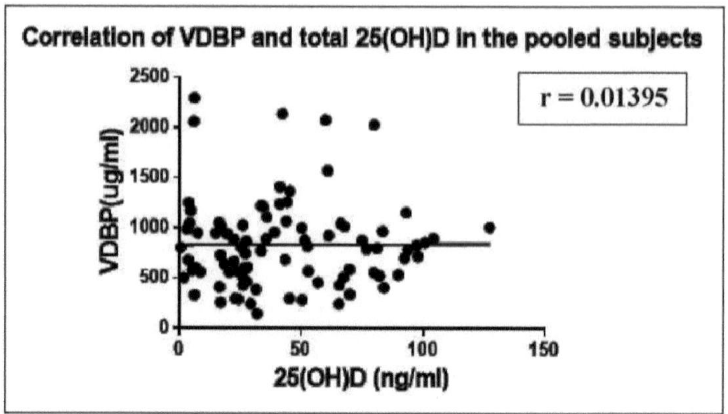

Figura 14: Correlação entre a VDBP sérica média e os níveis totais de 25(OH)D entre os casos combinados e os indivíduos de controlo. Não existe uma correlação significativa.

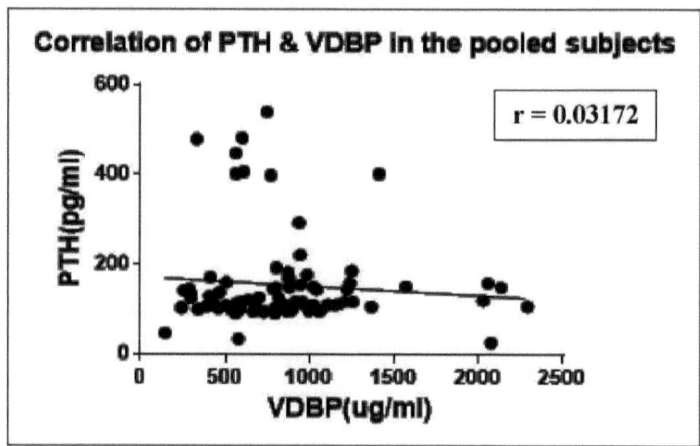

Figura 15: Correlação entre os níveis séricos médios de PTH e VDBP entre os casos combinados e os indivíduos de controlo.

CAPÍTULO 6

6. **Discussão**:

Múltiplos factores genéticos e não genéticos podem contribuir para a deficiência de vitamina D. Recentes estudos de associação genómica alargada apontaram para o potencial papel das variantes genéticas de proteínas envolvidas na via da vitamina D, seja na síntese, metabolismo, transporte ou eliminação, no controlo dos seus níveis circulantes (Mathilde Touvier et al., 2015). No entanto, com muito poucas excepções, esses estudos têm-se centrado principalmente em populações de ascendência europeia (Gozdzik, 2011). Neste sentido, é necessária mais investigação para elucidar os preditores genéticos para o estado da vitamina D, com o objetivo de identificar grupos de alto risco para a deficiência desta vitamina, bem como identificar novos biomarcadores genéticos para doenças que resultam da sua deficiência.

Também é importante mencionar que o nível sérico médio de 25(OH)D, que é considerado o indicador sanguíneo mais fiável do estado da vitamina D, é relativamente afetado por variações genéticas no gene *GC* (o gene que codifica a VDBP), que é amplamente estudado nas populações ocidentais (Sinotte, 2009). O mecanismo exato que liga as alterações na afinidade da *GC*, os seus níveis circulantes e os níveis circulantes de 25(OH)D ainda não está estabelecido. Diferentes condições fisiológicas e patológicas podem afetar os níveis de s-VDBP, o que, por sua vez, pode afetar os níveis circulantes de 25(OH)D. Em geral, as únicas associações observadas repetidamente foram registadas entre SNPs comuns *de GC* e níveis de 25(OH)D (Ahn 2010; Zhou, 2012).

O SNP rs2282679 do gene *GC* não apresentou qualquer efeito notável na incidência de DAC na população egípcia. A distribuição foi a seguinte: TT (tipo selvagem) 64,2% nos controlos e 71,4% nos doentes, GT 35,8% nos controlos e 28,6% nos doentes, e GG 0 % tanto nos controlos como nos doentes. Foi observada uma distribuição genotípica semelhante do rs2282679 na população afro-americana (84,5% para TT, 15,2% para GT e 0,2% para GG) (Signorello, 2011).

Além disso, os nossos resultados indicam que os genótipos e alelos observados não tiveram qualquer efeito significativo nos níveis de *s-25*(OH)D3 e de *s-25*(OH)D total. Apenas o alelo selvagem (TT) foi considerado responsável por níveis baixos de *s-25*(OH)D2 no grupo de controlo, bem como no total de indivíduos. Do mesmo modo, Zhang et al. não encontraram uma associação significativa de *GC-rs2282679*, rs4588, rs7041 com os níveis séricos de 25(OH)D num estudo com 506 crianças chinesas Han do nordeste recrutadas em ambulatório (Zhang, 2013). Ao contrário, o alelo T do SNP rs2282679 foi relatado como estando significativamente associado a baixos níveis de 25OHD (Mokry et al., 2015). Ahn et al. e Wang et al., nos seus estudos de associação alargada do genoma, descobriram que as variantes rs2282679 estavam associadas apenas a níveis séricos mais baixos de 25(OH)D3 em europeus brancos (Ahn J1 et al., 2010; Wang TJ1 et al., 2010).

O estudo de Dustin Blanton et al sobre os americanos nacionais não demonstrou associação entre os níveis de *s-VDBP* e *de s-vitamina* D em indivíduos agrupados (indivíduos saudáveis e diabéticos), bem como não demonstrou nenhum efeito significativo dos polimorfismos *de GC* nos níveis séricos de VDBP (Blanton, 2011). Da mesma forma, a nossa análise de dados não mostrou diferenças significativas nos níveis de *s-VDBP* entre os doentes com DAC e os grupos de controlo. Conjuntamente, não foi observada nenhuma associação significativa entre a *s-VDBP* e a concentração de *s-* 25(OH)D e não foi detectado nenhum efeito considerável do polimorfismo rs2282679 no gene *GC* nos níveis de *s-VDBP*.

Tendo em conta o papel da PTH na inflamação e as suas acções nas paredes dos vasos, causando calcificação vascular e remodelação vascular (Walker, 2009), era razoável postular que níveis elevados de PTH poderiam ser um dos principais contribuintes para o risco de DAC. Os nossos resultados forneceram evidências adicionais para as postulações previamente declaradas, detectando um aumento significativo nos níveis séricos médios de PTH entre os pacientes com DAC. Para além disso, o nosso estudo esclareceu a existência de uma associação significativa entre a deficiência de vitamina D e o aumento dos níveis séricos médios de PTH na totalidade dos indivíduos. Da mesma forma, Pekkinen et al declararam a existência de uma correlação negativa significativa entre a 25(OH)D sérica e a PTH entre crianças e adolescentes finlandeses com idades compreendidas entre os 7 e os 19 anos, após controlo da ingestão de cálcio (Pekkinen, 2014).

Tem sido frequentemente referido que a deficiência de vitamina D contribui fortemente para a incidência de DAC e que a manutenção de níveis suficientes de vitamina D é extremamente importante para a função cardiovascular (Kendrick, 2009; Kim, 2008; Tarcin, 2009; A. Zittermann, Schleithoff, S. S., Gotting, C., Dronow, O., Fuchs, U., Kuhn, J., Kleesiek, K., Tenderich, G., Koerfer, R., 2008). O presente estudo demonstrou uma diminuição significativa dos níveis de 25(OH)D no grupo de doentes, o que constitui um apoio suplementar à investigação anterior. No entanto, Despoina Manousaki et al. afirmaram que não havia associação entre níveis geneticamente reduzidos de 25OHD e DAC no seu estudo e atribuíram as associações anteriores à causalidade inversa (Manousaki, Mokry, Ross, Goltzman, & Richards, 2016).

CAPÍTULO 7

7. <u>Conclusão:</u>

A deficiência de vitamina D e os níveis elevados de PTH estão associados à incidência de DAC. Existe uma correlação negativa significativa entre o estado da vitamina D e os níveis de PTH. O SNP rs2282679 do GC não tem efeito nos níveis séricos totais de 25(OH)D e apenas o tipo selvagem (genótipo TT) tem um efeito aditivo na diminuição das concentrações de s- 25(OH)D2. O nível circulante de VDBP não está associado à incidência de DAC ou ao estado da vitamina D. O SNP rs2282679 do GC não está associado aos níveis séricos médios de VDBP e não tem correlação com a incidência de DCV.

CAPÍTULO 8

8. <u>Agradecimento:</u>

Este estudo é apoiado pela subvenção STDF ID 15041.

CAPÍTULO 9

9. Referências:

Abu El Maaty, M. A., Hanafi, R.S. (2014). Abordagem de projeto de experimento para análise de HPLC de 25-hidroxivitamina D: Um ensaio comparativo com ELISA. *J Chromatogr Sci.*

Abu el Maaty, M. A., Hassanein,S.I, Sleem,H.M, Gad,M.Z. (2013). Efeito dos polimorfismos no locus NADSYN1 / DHCR7 (rs12785878 e rs1790349) nos níveis plasmáticos de 25-hidroxivitamina D e na incidência de doença arterial coronariana. *J Nutrigenet Nutrigenomics, 6*, 327-335.

Ahn J1, Yu K, Stolzenberg-Solomon R, Simon KC, McCullough ML, Gallicchio L, et al. (2010). Estudo de associação de todo o genoma dos níveis circulantes de vitamina D. *Hum Mol Genet, 19(13):*(1), 2739-2745.

Ahn , J., Yu K, Stolzenberg-Solomon, R, Simon, KC, McCullough, ML, Gallicchio, L, Jacobs, EJ, Ascherio, A, Helzlsouer, K, Jacobs, KB, Li, Q, Weinstein, SJ, Purdue, M, Virtamo, J, Horst, R, Wheeler, W, Chanock, S, Hunter, DJ, Hayes, RB, Kraft, P, Albanes D. (2010). Estudo de associação de todo o genoma dos níveis circulantes de vitamina D. *Hum Mol Genet, 19,* 2739-2745.

Aihara, K., Azuma, H., Akaike, M., Ikeda, Y., Yamashita, M., Sudo, T., Hayashi, H., Yamada, Y., Endoh, F., Fujimura, M., Yoshida, T., Yamaguchi, H., Hashizume, S.,Kato, M.,Yoshimura, K.,Yamamoto, Y., Kato, S., Matsumoto, T. (2004). A disrupção do gene nuclear do recetor da vitamina D provoca um aumento da trombogenicidade em ratos. *J Biol Chem, 279*(34), 35798-35802.

Aloia, J., Bojadzievski,T, Yusupov,E, Shahzad,G, Pollack,S, Mikhail,M,Yeh ,J. (2010). A influência relativa da ingestão de cálcio e do estado da vitamina D na hormona paratiroideia sérica e nos biomarcadores de renovação óssea num grupo paralelo controlado por placebo, em dupla ocultação, com um desenho fatorial longitudinal. . *J Clin Endocrinol Metab, 95*, 3216-3224.

Anderson, M. G., Nakane, M., Ruan, X., Kroeger, P. E., Wu-Wong, J. R. (2006). Expressão do mRNA de VDR e CYP24A1 em tumores humanos. *Cancer Chemother Pharmacol, 57*(2), 234-240.

Armas, L. A., Hollis, B. W., Heaney, R. P. (2004). A vitamina D2 é muito menos eficaz do que a vitamina D3 em humanos. *J Clin Endocrinol Metab, 89*(11), 5387-5391.

Arnaud, J., Constans, J. (1993). Affinity differences for vitamin D metabolites associated with the genetic isoforms of the human serum carrier protein (DBP). *Hum Genet, 92*(2), 183-188.

Artaza, J. N., Mehrotra, R., Norris, K. C. (2009). A vitamina D e o sistema cardiovascular. *Clin J Am Soc Nephrol, 4*(9), 1515-1522.

Artaza, J. N., Singh, R., Ferrini, M. G., Braga, M., Tsao, J., Gonzalez-Cadavid, N. F. (2008). A miostatina promove uma mudança fenotípica fibrótica em células C3H 10T1/2 multipotentes sem afetar a sua diferenciação em miofibroblastos. *J Endocrinol, 196*(2), 235-249.

Artaza, J. N., Sirad, F., Ferrini, M. G., Norris, K. C. (2010). A 1,25(OH)2vitamina D3 inibe a proliferação celular ao promover a paragem do ciclo celular sem induzir apoptose e modifica a morfologia celular de células mesenquimais multipotentes. *J Steroid Biochem Mol Biol, 119*(1-2), 73-83.

Artaza, J. N., Sirad,F, Ferrini,M.G,Norris,K.C (2011). A vitamina D3 1,25(OH)2 inibe a proliferação celular ao promover a paragem do ciclo celular sem induzir apoptose e modifica a morfologia celular de células mesenquimais multipotentes. *J Steroid Biochem Mol Biol, 119*(1-2), 73-83.

Bailey, D., Veljkovic, K.,Yazdanpanah, M.,Adeli, K. (2012). Medição analítica e relevância clínica da vitamina D(3) C3-epímero. *Clin Biochem, 46*(3), 190-196.

Ballermann, B. J., Marsden, P. A. (1991). Mediadores vasoactivos derivados do endotélio e função glomerular renal. *Clin Invest Med, 14*(6), 508-517.

Beveridge, L. A., Witham, M. D. (2013). Vitamina D e o sistema cardiovascular. *Osteoporos Int, 24*(8), 2167-2180.

Bikle, D. (2010). Síntese extrarrenal de 1,25-dihidroxivitamina D e suas implicações para a saúde. *In: Holick MF., editor. Nutrition and Health: Vitamin D. Humana Press; Nova Iorque*, 277-295.

Bikle, D. D. (2014). Metabolismo da vitamina D, mecanismo de ação e aplicações clínicas. *Chem Biol, 21*(3), 319-329.

Bikle, D. D., Gee, E., Halloran, B., Haddad, J. G. (1984). Free 1,25-dihydroxyvitamin D levels in serum from normal subjects, pregnant subjects, and subjects with liver disease. *J Clin Invest, 74*(6), 1966-1971.

Bikle, D. D., Gee, E.,Halloran, B., Kowalski, M. A., Ryzen, E., Haddad, J. G. (1986). Assessment of the free fraction of 25-hydroxyvitamin D in serum and its regulation by albumin and the vitamin D-binding protein. *J Clin Endocrinol Metab, 63*(4), 954959.

Bikle, D. D., Rasmussen, H. (1975). The ionic control of 1,25-dihydroxyvitamin D3 production in isolated chick renal tubules. *J Clin Invest, 55*(2), 292-298.

Blanton, D., Han, Z., Bierschenk, L., Linga-Reddy, M. V., Wang, H., Clare-Salzler, M., Haller, M., Schatz, D., Myhr, C., She, J. X., Wasserfall, C., Atkinson, M. (2011). Os níveis reduzidos de proteína de ligação à vitamina D no soro estão associados à diabetes tipo 1. *Diabetes, 60*(10), 2566-2570.

Block, G. A., Klassen, P. S., Lazarus, J. M., Ofsthun, N., Lowrie, E. G., Chertow, G. M. (2004). Mineral metabolism, mortality, and morbidity in maintenance hemodialysis (Metabolismo mineral, mortalidade e morbilidade na hemodiálise de manutenção). *J Am Soc Nephrol, 15*(8), 2208-2218.

Braun, A., Bichlmaier, R., Cleve, H. (1992). Análise molecular do gene da proteína humana de ligação à vitamina D (componente específico do grupo): diferenças alélicas dos tipos genéticos comuns de GC. *Hum Genet, 89*(4), 401-406.

Carpenter, T. O., Zhang, J. H., Parra, E., Ellis, B. K., Simpson, C., Lee, W. M., Balko, J., Fu, L., Wong, B. Y., Cole, D. E. (2013). A proteína de ligação à vitamina D é um determinante chave dos níveis de 25-hidroxivitamina D em bebés e crianças pequenas. *J Bone Miner Res, 28*(1), 213-221.

Chapman, M. J. (2007). Da fisiopatologia à terapia direccionada para a aterotrombose: um papel para a combinação de estatina e aspirina na prevenção secundária. *Pharmacol Ther, 113*(1), 184-196.

Cheng, J. B., Levine, M. A., Bell, N. H., Mangelsdorf, D. J., Russell, D. W. (2004). Provas genéticas de que a enzima CYP2R1 humana é uma vitamina D 25-hidroxilase fundamental. *Proc Natl Acad Sci U S A, 101*(20), 7711-7715.

Clemens, R., Adams ,iS, Henderson, SU, Holick, MF. (1982). O aumento do pigmento cutâneo reduz a capacidade da pele para sintetizar vitamina D3. *Uancet* 74-76.

Clemens, T. L., Adams, J. S., Henderson, S. L., Holick, M. F. (1982). Increased skin pigment reduces the capacity of skin to synthesise vitamin D3. *Lancet, 1*(8263), 7476.

Clemens, T. L., Adams, J. S., Nolan, J. M., Holick, M. F. (1982). Measurement of circulating vitamin D in man (Medição da vitamina D circulante no homem). *Clin Chim Ata, 121*(3), 301-308.

Clemens, T. L., Zhou, X. Y., Myles, M., Endres, D., Lindsay, R. (1986). Concentrações séricas de vitamina D2 e metabolitos de vitamina D3 e absorção de vitamina D2 em indivíduos idosos. *J Clin Endocrinol Metab, 63*(3), 656-660.

Cleve, H., Constans, J. (1998). Os mutantes da proteína de ligação à vitamina D: mais de 120 variantes do sistema GC/DBP. *Vox Sang, 54*(s), 215-225.

Cooke, N. E., David, E. V. (1985). A proteína de ligação à vitamina D no soro é um terceiro membro da família de genes da albumina e da alfa-fetoproteína. *J Clin Invest, 76*(6), 24202424.

de Boer, I. H., Kestenbaum, B., Shoben, A. B., Michos, E. D., Sarnak, M. J., Siscovick, D. S. (2009). Os níveis de 25-hidroxivitamina D associam-se inversamente ao risco de desenvolvimento de calcificação da artéria coronária. *J Am Soc Nephrol, 20*(8), 1805-1812.

DeLuca, H. F. (2004). Overview of general physiologic features and functions of vitamin D. *Am J Clin Nutr, 80*(6 Suppl), 1689S-1696S.

Foucan, L., Ducros, J., Merault, H. (2012). Status da vitamina D em pacientes de pele escura submetidos à hemodiálise em um país continuamente ensolarado. *J Nephrol, 25*(6), 983-988.

Foucan, L., Velayoudom-Cephise,F.L., Larifla,L., Armand,C., Deloumeaux,J., Fagour, J., Plumasseau, J., Portlis,M.L, Liu,L., Bonnet,F., Ducros,J. (2013). Os polimorfismos nos genes GC e NADSYN1 estão associados ao estado da vitamina D e ao perfil metabólico em adultos não diabéticos *BMC Endocr Disord, 13*.

Fraser, D. R. (1980). Regulation of the metabolism of vitamin D. *Physiol Rev, 60*(2), 551-613.

Fu GK, L. D., Zhang MY, Bikle DD, Shackleton CH, Miller WL, Portale AA. (1997). Clonagem da 25-hidroxivitamina D-1 alfa-hidroxilase humana e mutações que causam raquitismo dependente de vitamina D tipo 1. *Mol. Endocrinol, 11*, 1961-1970.

Giovannucci, E., Liu, Y., Rimm, E. B., Hollis, B. W., Fuchs, C. S., Stampfer, M. J., Willett, W. C. (2006). Prospective study of predictors of vitamin D status and cancer incidence and mortality in men. *J Natl Cancer Inst, 98*(7), 451-459.

Gomme, P. T., Bertolini, J. (2004). Therapeutic potential of vitamin D-binding protein. *Trends Biotechnol, 22*(7), 340-345.

Goswami, R., Gupta, N., Goswami, D., Marwaha, R. K., Tandon, N., Kochupillai, N. (2000). Prevalence and significance of low 25-hydroxyvitamin D concentrations in healthy subjects in Delhi (Prevalência e significado de baixas concentrações de 25-hidroxivitamina D em indivíduos saudáveis em Deli). *Am J Clin Nutr, 72*(2), 472-475.

Gozdzik, A., Zhu, J., Wong, B. Y., Fu, L., Cole, D. E., Parra, E. J. (2011). Associação de polimorfismos da proteína de ligação à vitamina D (VDBP) e concentrações séricas de 25 (OH) D em uma amostra de jovens adultos canadenses de diferentes ancestrais. *J Steroid Biochem Mol Biol, 127*(3-5), 405-412.

Gray, R. W., Caldas, A. E., Wilz, D. R., Lemann,Jr., Smith, G. A., DeLuca, H. F. (1978). Metabolismo e excreção de 3H-1,25-(OH)2-vitamina D3 em adultos saudáveis. *J Clin Endocrinol Metab, 46*(5), 756-765.

Gunther, T., Chen, Z. F., Kim, J., Priemel, M., Rueger, J. M., Amling, M., Moseley, J. M., Martin, T. J., Anderson, D. J., Karsenty, G. (2000). A ablação genética das glândulas paratiroides revela outra fonte de hormona paratiroideia. *Nature, 406*(6792), 199-203.

Haddad, J. G. (1995). Proteína plasmática de ligação à vitamina D (Gc-globulina): múltiplas tarefas. *J Steroid Biochem Mol Biol, 53*(1-6), 579-582.

Haddad, J. G., Jr. (1979). Transporte de metabolitos da vitamina D. *Clin Orthop Relat Res*(142), 249-261.

Hagstrom, E., Ingelsson, E., Sundstrom, J., Hellman, P., Larsson, T. E., Berglund, L., Melhus, H., Held, C., Michaelsson, K., Lind, L., Arnlov, J. (2010). Hormona paratiroideia plasmática e risco de insuficiência cardíaca congestiva na comunidade. *Eur J Heart Fail, 12*(11), 1186-1192.

Hagstrom, E., Michaelsson,K., Melhus,H., Hansen,T., Ahlstrom,H., Johansson,L., Ingelsson,E., Sundstrom,J., Lind,L., Arnlov,J. (2014). O hormônio plasmático da paratireoide está associado à doença aterosclerótica subclínica e clínica em 2 coortes de base comunitária. *Arterioscler Thromb Vasc Biol.*

Hassanein, S. I., Abu el Maaty,M.A, Sleem,H.M, Gad,M.Z. (2014). Relação triangular entre polimorfismos de nucleotídeo único no gene CYP2R1 (rs10741657 e rs12794714), níveis de 25-hidroxivitamina d e incidência de doença arterial coronariana. *Biomarcadores*(1354).

Hayakawa, H., Coffee, K., Raij, L. (1997). Disfunção endotelial e lesão cardiorrenal na hipertensão experimental sensível ao sal: efeitos da terapia anti-hipertensiva. *Circulation, 96*(7), 2407-2413.

Heikkinen, A. M., Tuppurainen, M. T., Niskanen, L., Komulainen, M., Penttila, I., Saarikoski, S. (1997). A suplementação de vitamina D3 a longo prazo pode ter efeitos adversos nos lípidos séricos durante a terapia de substituição hormonal pós-menopausa. *Eur J Endocrinol, 137*(5), 495-502.

Holick, M. F. (2003). Vitamina D: A millennium prespective. *J Cell Biochem, 88*, 296-307.

Holick, M. F. (2004). Vitamin D: importance in the prevention of cancers, type 1 diabetes, heart disease, and osteoporosis. *Am J Clin Nutr, 79*(3), 362-371.

Holick, M. F. (2004). Vitamin D: importance in the prevention of cancers, type 1diabetes, heart disease, and osteoporosis. *Am J Clin Nutr, 79(3)*, 362-371.

Holick, M. F. (2007). Vitamin D deficiency (Deficiência de vitamina D). *N Engl J Med, 357*(3), 266-281.

Holick, M. F. (2007). Vitamin D deficiency (Deficiência de vitamina D). *N Engl J Med 357*, 266-281.

Holick, M. F., Chen ,T.C. (2008). Deficiência de vitamina D: um problema mundial com consequências para a saúde. *Am J Clin Nutr, 87*, 1080S-1086S.

Holick, M. F., Garabedian M. (2006). Vitamina D: fotobiologia, metabolismo, mecanismo de ação e aplicações clínicas. *In: Favus MJ, ed. Primer on the metabolic bone diseases and disorders of mineral metabolism. 6th ed. Washington, DC: American Society for Bone and Mineral Research*, 129-137.

Hollis, B. W. (1984). Comparação das condições de ensaio de equilíbrio e desequilíbrio para ergocalciferol, colecalciferol e seus principais metabolitos. *J Steroid Biochem, 21*(1), 81-86.

Hunter, D., De Lange, M., Snieder, H., MacGregor, A. J., Swaminathan, R., Thakker, R. V., Spector, T. D. (2001). Genetic contribution to bone metabolism, calcium excretion, and vitamin D and parathyroid hormone regulation (Contribuição genética para o metabolismo ósseo, excreção de cálcio e regulação da vitamina D e da hormona paratiroide). *J Bone Miner Res, 16*(2), 371-378.

Hypponen, E., Laara, E., Reunanen, A., Jarvelin, M. R., Virtanen, S. M. (2001). Intake of vitamin D and risk of type 1 diabetes: a birth-cohort study. *Lancet, 358*(9292), 1500-1503.

Jones, G., Prosser, D. E., Kaufmann, M. (2012). 25-Hidroxivitamina D-24-hidroxilase (CYP24A1): seu importante papel na degradação da vitamina D. *Arch Biochem Biophys, 523*(1), 9-18.

Kamao, M., Tatematsu, S., Hatakeyama, S., Sakaki, T., Sawada, N., Inouye, K., Ozono, K., Kubodera, N., Reddy, G. S., Okano, T. (2004). Epimerização C-3 dos metabolitos da vitamina D3 e posterior metabolismo dos epímeros C-3: a 25-hidroxivitamina D3 é metabolizada em 3-epi-25-hidroxivitamina D3 e subsequentemente metabolizada através da hidroxilação C-1alfa ou C-24. *J Biol Chem, 279*(16), 15897-15907. Kamboh, M. I., Ferrell, R. E. (1986). Variação étnica na proteína de ligação à vitamina D (GC): uma revisão dos estudos de focalização isoeléctrica em populações humanas. *Hum Genet, 72*(4), 281-293.

Kendrick, J., Targher, G., Smits, G., Chonchol, M. (2009). A deficiência de 25-hidroxivitamina D está independentemente associada a doenças cardiovasculares no Third National Health and Nutrition Examination Survey. *Atherosclerosis, 205*(1), 255-260. Kim, D. H., Sabour, S., Sagar, U. N.Adams, S., Whellan, D. J. (2008). Prevalência de hipovitaminose D em doenças cardiovasculares (do National Health and Nutrition Examination Survey 2001 a 2004). *Am J Cardiol, 102*(11), 1540-1544. Kong, J., Li, Y. C. (2006). Mecanismo molecular da inibição da adipogénese por 1,25-dihidroxivitamina D3 em células 3T3-L1. *Am J Physiol Endocrinol Metab, 290*(5), E916-924.

Lauridsen, A. L., Vestergaard, P., Hermann, A. P., Brot, C., Heickendorff, L., Mosekilde, L., Nexo, E. (2005). Plasma concentrations of 25-hydroxy-vitamin D and 1,25-dihydroxy-vitamin D are related to the phenotype of Gc (vitamin D-binding protein): a cross-sectional study on 595 early postmenopausal women. *Calcif Tissue Int, 77*(1), 15-22.

Lauridsen, A. L., Vestergaard, P., Nexo, E. (2001). A concentração sérica média da proteína de ligação à vitamina D (globulina Gc) está relacionada com o fenótipo Gc nas mulheres. *Clin Chem, 47*(4), 753-756.

Lee, J. H., O'Keefe, J. H., Bell, D., Hensrud, D. D., Holick, M. F. (2008). A deficiência de vitamina D é um fator de risco cardiovascular importante, comum e facilmente tratável? *J Am Coll Cardiol, 52*(24), 1949-1956.

Li, Y. C. (2003). Regulação da vitamina D do sistema renina-angiotensina. *J Cell Biochem, 88*(2), 327-331.

Libby, P. (2003). Vascular biology of atherosclerosis: overview and state of the art. *Am J Cardiol, 91*(3A), 3A-6A.

Liel, Y., Ulmer, E., Shary, J., Hollis, B. W., Bell, N. H. (1988). Low circulating vitamin D in obesity. *Calcif Tissue Int, 43*(4), 199-201.

Lips, P. (2001). Deficiência de vitamina D e hiperparatiroidismo secundário no idoso: consequências para a perda óssea e fracturas e implicações terapêuticas. *Endocr Rev, 22*(4), 477-501.

Lu, L., Sheng, H., Li, H., Gan, W., Liu, C., Zhu, J., Loos, R. J., Lin, X. (2012). Associações entre variantes comuns em GC e DHCR7 / NADSYN1 e concentração de vitamina D em Hans chinês. *Hum Genet, 131*(3), 505-512.

Manousaki, D., Mokry, L. E., Ross, S., Goltzman, D., & Richards, J. B. (2016). Estudos de randomização mendeliana não apóiam um papel para a vitamina D na doença arterial coronariana. *Circulação: Genética Cardiovascular,* CIRCGENETICS. 116.001396. Mathieu, C., Adorini, L. (2002). The coming of age of 1,25-dihydroxyvitamin D(3) analogs as immunomodulatory agents. *Trends Mol Med, 8*(4), 174-179.

Mathilde Touvier, Melanie Deschasaux, Marion Montourcy, Angela Sutton, Nathalie Charnaux, Emmanuelle Kesse-Guyot, et al. (2015). Determinantes do status da vitamina D em adultos caucasianos: Influence of Sun Exposure, Dietary Intake, Sociodemographic, Lifestyle, Anthropometric, and Genetic Factors [Influência da exposição solar, ingestão alimentar, factores sociodemográficos, estilo de vida, antropométricos e genéticos]. *Journal of Investigative Dermatology, 135,* , 378-388.

Matsuoka, L. Y., Ide, L., Wortsman, J., MacLaughlin, J. A., Holick, M. F. (1987). Os protectores solares suprimem a síntese cutânea de vitamina D3. *J Clin Endocrinol Metab, 64*(6), 1165-1168.

McGrath, J., Selten, J. P., Chant, D. (2002). Long-term trends in sunshine duration and its association with schizophrenia birth rates and age at first registration--data from Australia and the Netherlands. *Schizophr Res, 54*(3), 199-212.

Merke, J., Hofmann, W., Goldschmidt, D., Ritz, E. (1987). Demonstração de receptores e acções da vitamina D3 1,25(OH)2 em células musculares lisas vasculares in vitro. *Calcif Tissue Int, 41*(2), 112-114.

Mitsuhashi, T., Morris, R. C., Jr., Ives, H. E. (1991). A 1,25-dihidroxivitamina D3 modula o crescimento das células musculares lisas vasculares. *J Clin Invest, 87*(6),

1889-1895.

Moghadasian, M. H. (2004). Xantomatose cerebrotendinosa: curso clínico, genótipos e antecedentes metabólicos. *Clin Invest Med, 27*(1), 42-50.

Mokry, L. E., Ross, S., Ahmad, O. S., Forgetta, V., Smith, G. D., Leong, A., et al. (2015). Vitamina D e risco de esclerose múltipla: um estudo de randomização mendeliana. *PLoS Med, 12*(8), e1001866.

Pack, A. M., Morrell, M. J. (2004). Epilepsia e saúde óssea em adultos. *Epilepsy Behav, 5 Suppl 2*, S24-29.

Pearson, T. A., Mensah, G. A., Alexander, R. W., Anderson, J. L., Cannon, R. O.,Criqui, M., Fadl, Y. Y., Fortmann, S. P., Hong, Y., Myers, G. L., Rifai, N., Smith, S. C., Jr., Taubert, K., Tracy, R. P.Vinicor, F. (2003). Marcadores de inflamação e doenças cardiovasculares: aplicação à prática clínica e de saúde pública: A statement for healthcare professionals from the Centers for Disease Control and Prevention and the American Heart Association. *Circulation, 107*(3), 499-511.

Pekkinen, M., Saarnio, E., Viljakainen, H. T., Kokkonen, E., Jakobsen, J., Cashman, K., Makitie, O., Lamberg-Allardt, C. (2014). O genótipo da proteína de ligação à vitamina D está associado às concentrações séricas de 25-hidroxivitamina D e PTH, bem como à saúde óssea em crianças e adolescentes na Finlândia. *PLoS One, 9*(1), e87292.

Perkovic, V., Hewitson, T. D., Kelynack, K. J., Martic, M., Tait, M. G., Becker, G. J. (2003). A hormona paratiroideia tem um efeito pró-esclerótico nas células musculares lisas vasculares. *Kidney Blood Press Res, 26*(1), 27-33.

Powe, C. E., Evans, M. K., Wenger, J., Zonderman, A. B., Berg, A. H., Nalls, M., Tamez, H., Zhang, D., Bhan, I., Karumanchi, S. A., Powe, N. R., Thadhani, R. (2013). Proteína de ligação à vitamina D e status de vitamina D de negros americanos e brancos americanos. *N Engl J Med, 369*(21), 1991-2000.

Reddy, G. S., Muralidharan, K. R., Okamura, W. H., Tserng, K. Y., McLane, J. A. (2001). Metabolismo da 1alfa,25-di-hidroxivitamina D(3) e do seu epímero C-3 1alfa,25-di-hidroxi-3-epi-vitamina D(3) em queratinócitos humanos neonatais. *Steroids, 66*(3-5), 441-450.

Rigby, W. F., Denome, S., Fanger, M. W. (1987). Regulação da produção de linfocinas e da ativação de linfócitos T humanos pela 1,25-dihidroxivitamina D3. Inibição específica ao nível do ARN mensageiro. *J Clin Invest, 79*(6), 1659-1664.

Safadi, F., Thornton, P., Magiera, H., Hollis, B. W., Gentile, M., Haddad, J. G., Liebhaber, S. A., Cooke, N. E. (1999). Osteopatia e resistência à toxicidade da vitamina D em ratos nulos para a proteína de ligação à vitamina D. *J Clin Invest, 103*(2), 239-251. Signorello, L. B., Shi, J., Cai, Q., Zheng, W., Williams, S. M., Long, J., Cohen, S. S., Li, G., Hollis, B. W., Smith, J. R., Blot, W. J. (2011). A variação comum nos genes da via da vitamina D prevê os níveis circulantes de 25-hidroxivitamina D entre os afro-americanos. *PLoS One, 6*(12), e28623.

Sinotte, M., Diorio,C. ,Berube,S. ,Pollak,M. ,Brisson, J. (2009). Polimorfismos genéticos da proteína de ligação à vitamina D e concentrações plasmáticas de 25-hidroxivitamina D em mulheres na pré-menopausa. *Am J Clin Nutr, 89*(2), 634-640.

Slominski, A. T., Janjetovic, Z., Fuller, B. E, Zmijewski, M. A, Tuckey, R. C, Nguyen, M. N,Sweatman, T. ,Li, W., Zjawiony, J., Miller, D., Chen, T. C., Lozanski, G.,Holick, M. F. (2010). Os produtos do metabolismo da vitamina D3 ou do 7-dehidrocolesterol pelo citocromo P450scc apresentam efeitos anti-leucemia, com atividade calcémica baixa ou ausente. *PLoS One, 5*(3), e9907.

Speeckaert, M., Huang, G., Delanghe, J. R., Taes, Y. E. (2006). Biological and clinical aspects of the vitamin D binding protein (Gc-globulin) and its polymorphism. *Clin Chim Ata, 372*(1-2), 33-42.

Steingrimsdottir, L., Gunnarsson, O., Indridason, O. S., Franzson, L., Sigurdsson, G. (2005). Relação entre os níveis séricos de hormona paratiroideia, suficiência de vitamina D e ingestão de cálcio. *JAMA, 294*(18), 2336-2341.

Sulyok, S., Wankell, M., Alzheimer, C., Werner, S. (2004). Activin: an important regulator of wound repair, fibrosis, and neuroprotection. *Mol Cell Endocrinol, 225*(12), 127-132.

Tarcin, O., Yavuz, D. G., Ozben, B.,Telli, A., Ogunc, A. V., Yuksel, M., Toprak, A., Yazici, D., Sancak, S., Deyneli, O., Akalin, S. (2009). Effect of vitamin D deficiency and replacement on endothelial function in asymptomatic subjects (Efeito da deficiência e reposição de vitamina D na função endotelial em indivíduos assintomáticos). *J Clin Endocrinol Metab, 94*(10), 4023-4030.

Van Den Bout-Van Den Beukel, C. J. P., Fievez,L., Michels, M. . (2008). Deficiência de vitamina D entre indivíduos infectados pelo VIH tipo 1 nos Países Baixos: efeitos da terapia antirretroviral. *AIDS Research and Human Retroviruses, 24*(11), 1375-1382. Walker, M. D., Fleischer, J., Rundek, T., McMahon, D. J., Homma, S., Sacco, R., Silverberg, S. J. (2009). Anomalias vasculares carotídeas no hiperparatiroidismo primário. *J Clin Endocrinol Metab, 94*(10), 3849-3856.

Wang, C. (2013). Papel da vitamina d nas doenças cardiometabólicas. *J Diabetes Res, 2013*, 243934.

Wang, L., Manson, J. E., Song, Y., Sesso, H. D. (2010). Revisão sistemática: Vitamina D e suplementação de cálcio na prevenção de eventos cardiovasculares. *Ann Intern Med, 152*(5), 315-323.

Wang, T., Zhang F, Richards JB, Kestenbaum B, van Meurs JB, Berry D, Kiel DP, Streeten EA, Ohlsson C, Koller,DL, Peltonen L, Cooper JD, O'Reilly PF, Houston DK, Glazer NL, Vandenput L, Peacock, M, Shi, J, Rivadeneira, F,McCarthy, MI,

Anneli, P, de Boer, IH, Mangino, M, Kato ,B, Smyth ,DJ, Booth, SL, Jacques ,PF, Burke, GL, Goodarzi, M,Cheung, CL, Wolf, M, Rice, K, Goltzman D, Hidiroglou N, Ladouceur M, Wareham NJ, Hocking LJ, Hart D, Arden, NK, Cooper,C, Malik ,S, Fraser ,WD, Hartikainen, AL, Zhai, G, Macdonald, HM, Forouhi, NG, Loos, RJ, Reid DM, Hakim ,A, Dennison, E, Liu ,Y, Power, C, Stevens ,HE, Jaana ,L, Vasan ,RS, Soranzo ,N, Bojunga ,J, Psaty ,BM, Lorentzon ,M, Foroud ,T, Harris ,TB, Hofman ,A, Jansson ,JO, Cauley ,JA, Uitterlinden ,AG, Gibson ,Q, Jarvelin ,MR, Karasik ,D, Siscovick ,DS, Econs ,MJ, Kritchevsky ,SB, Florez ,JC, Todd ,JA, Dupuis ,J, Hypponen ,E, Spector ,TD. (2010). Determinantes genéticos comuns da insuficiência de vitamina D: um estudo de associação de todo o genoma. *Lancet, 376*, 180-188.

Wang TJ1, Zhang F, Richards JB, Kestenbaum B, van Meurs JB, Berry D, K. D., et al. (2010). Common genetic determinants of vitamin D insufficiency: a genome-wide association study.

. Lancet, 376(9736):, 180-188.

Watson, K. E., Abrolat, M. L., Malone, L. L., Hoeg, J. M., Doherty, T., Detrano, R., Demer, L. L. (1997). Os níveis séricos activos de vitamina D estão inversamente correlacionados com a calcificação coronária. *Circulation, 96*(6), 1755-1760.

Wortsman, J., Matsuoka, L. Y., Chen, T. C., Lu, Z., Holick, M. F. (2000). Diminuição da biodisponibilidade da vitamina D na obesidade. *Am J Clin Nutr, 72*(3), 690-693.

Zerwekh, J. E. (2008). Biomarcadores sanguíneos do estado da vitamina D. *Am J Clin Nutr, 87*(4), 1087S-1091S.

Zhang, Y., Yang, S., Liu, Y., Ren, L. (2013). Relação entre polimorfismos em genes relacionados ao metabolismo da vitamina D e o risco de raquitismo em crianças chinesas Han. *BMC Med Genet, 14*, 101.

Zhou, L., Zhang, X., Chen, X., Liu, L., Lu, C., Tang, X., Shi, J., Li, M., Zhou, M., Zhang, Z., Xiao, L., Yang, M. (2012). Os polimorfismos GC Glu416Asp e Thr420Lys contribuem para a suscetibilidade ao cancro gastrointestinal numa população chinesa. *Int J Clin Exp Med, 5*(1), 72-79.

Zhu, J. G., Ochalek, J. T., Kaufmann, M., Jones, G., Deluca, H. F. (2013). CYP2R1 é um contribuinte importante, mas não exclusivo, para a produção de 25-hidroxivitamina D in vivo. *Proc Natl Acad Sci U S A, 110*(39), 15650-15655.

Zittermann, A., Fischer, J., Schleithoff, S. S., Tenderich, G., Fuchs, U., Koerfer, R. (2007). Pacientes com insuficiência cardíaca congestiva e controlos saudáveis diferem em factores de estilo de vida associados à vitamina D. *Int J Vitam Nutr Res, 77*(4), 280-288.

Zittermann, A., Schleithoff, S. S., Gotting, C., Dronow, O., Fuchs, U., Kuhn, J.,

Kleesiek, K., Tenderich, G., Koerfer, R. (2008). Poor outcome in end-stage heart failure patients with low circulating calcitriol levels. *Eur J Heart Fail, 10*(3), 321327.

I want morebooks!

Buy your books fast and straightforward online - at one of world's fastest growing online book stores! Environmentally sound due to Print-on-Demand technologies.

Buy your books online at
www.morebooks.shop

Compre os seus livros mais rápido e diretamente na internet, em uma das livrarias on-line com o maior crescimento no mundo! Produção que protege o meio ambiente através das tecnologias de impressão sob demanda.

Compre os seus livros on-line em
www.morebooks.shop